THE UNIVERSE IN A BOX

箱の中の宇宙

A New Cosmic History

Andrew Pontzen

あたらしい宇宙138億年の歴史

アンドリュー・ポンチェン 著　竹内薫 訳

ダイヤモンド社

私の家族へ

目　次

まえがき

1章 空から銀河の彼方へ

2章 ダークマター・ダークエネルギー・宇宙の網の目

3章 銀河とサブグリッド

4章 ブラックホール

5章 量子力学と宇宙の起源

6章 考えること

7章 シミュレーション、科学そして現実

これは
そういうものなのだと
断固として言い募れば、
そうなるのだろうか？

ウィリアム・ブレイク
『天国と地獄の結婚』より

まえがき

出会い

ごくまれに、一つの出来事があなたの世界を新しい領域へと広げてくれることがある。私の天文学者仲間が宇宙を好きになったきっかけは、望遠鏡をもらったこと、星空の下で夜を過ごしたこと、月面着陸をテレビで見たことなど、さまざまだ。私自身の記憶に強く焼きついているのは、七歳のときに父さんのZXスペクトラム・コンピュータを見つけた瞬間だ。

プロのミュージシャンだった父は、電子工学の出身で、つぎつぎと初期のデジタル音楽シンセサイザーを取り入れていた。当時、家庭用コンピュータは最先端だった。安っぽいプラスチック製のスペクトラムには、虹の絵のロゴがあしらわれたゴム製のキーボードがついていて、わが家のじめじめした地下室の古いテレビに接続されていた。私はすぐにそれに夢中になり、毎日何時間もいじって過ごした。これならどんなことだってできる。そんなふうに思えた。

スペクトラムは、ゲームやその他のプログラム（今で言うアプリやコード）をカセットテープに保存する仕組みだった。プログラムを起動するのは運まかせの作業だった。まず、早送りしたり巻き戻したりしてテープをお目当ての場所にだいたいあわせてから、「読み込め」と命令文を入力し、テープデッキの再生ボタンを押す。それから数分待っていると、奇妙なSFっぽい音楽が鳴り響き、スクリーン上でサイケデリックな色が点滅し始める。やがてそれが突然止んで、運がよければゲームが始まるのだ。

ある日、父さんが持っていたたくさんのカセットの中から、SatOrb《サットオーブ》というプログラムを見つけた[1]（訳注：Satellite Orbit Simulator、衛星軌道シミュレーターを略した名前）。太陽系の好きな惑星を選んで、その周りに人工衛星を打ち上げるという素敵なプログラムだった。最初の速度と高度を入力すると、仮想の衛星の行方を追跡してくれるのだ。

ギザギザな黄色い軌道の線が、黒い画面の上に描かれてゆく。はたして、衛星は惑星に衝突してしまうのか、宇宙空間へ飛び去るのか、それとも安定した軌道に乗れるのか？　わくわくしながら見守る。練習を重ねれば、自分が設定した衛星を上手い軌道に乗せて、月や地球を周回する何千もの本物の人工衛星みたいに、満足のゆく弧を描き続けることができるようになる。

ちっちゃな黒い箱

SatOrbは物理学とコンピュータへの興味を焚きつけた。その結果、私は十代の大半を、コンピュータのコードを書いて自分のプログラムを作り、自宅の地下室で過ごすはめになった。

宇宙に関する本も何冊か持っていて、それを眺めるのも楽しかったし、時々、夜空を眺めたりもした。しかし、望遠鏡が欲しいとは思わなかった。このちっちゃな黒い箱の中にある、ブロック状で、ぼんやりと、ど派手な宇宙は、はるか彼方へと続く実際の宇宙よりもリアルに感じられた。

当時は気づかなかったが、SatOrbは初歩的な模擬実験（シミュレーション）プログラムだったのだ。

シミュレーションとは「コンピュータの中で現実の状況を再現すること」。それは、私たちの生活のあらゆる場面で普通に利用されている。私たちが頼りにしている天気予報は地球大気のシミュレーションにもとづいているし、自動車や飛行機も製造される前にシミュレーションでテストされる。コンピューターゲーム、建築モデリング、財務計画、さらには公衆衛生に関する意思決定まで、あらゆるものがシミュレーションによって支えられている。

宇宙には何があるのか

私の宇宙論学者（コスモロジスト）としての仕事は、コンピュータ上で宇宙全体をシミュレーションすることだ。その目的は、宇宙には何があるのか、それはどこから来たのか、そしてそれが地球上の私たちの生活にどのように関係しているのかを理解することにある。

いわばコンピュータを実験室代わりに使っているわけだ。コスモロジストは、他の科学者のように伝統的な実験をすることはできない。宇宙全体をコントロールする方法はないし、たとえあったとしても、その結果が出るまで何十億年という気の遠くなるような時を待たなければならない。シミュレーションならば、空間と時間を私たちのコントロール下においた、計算化された宇宙を与えてくれる。

バーチャルな世界を創造できる能力に魅せられて、コンピュータに夢中になった私だが、いまだに暗い部屋で一人寂しくキーボードを叩いているわけではない。ここロンドンだけでなく、世界中の何十人もの同僚と一緒に仕事をしているのだ。研究成果を学術誌に発表し、何百人もの人々が読んでくれる。このような取り組みは、何千もの人々の研究の積み重ねの上に成り立っており、空調の効いた部屋を埋め尽くす、強力なコンピュータによって支えられている。

現在の私の仕事とSatOrbプログラムの違いが、もう一つある。惑星を周回する宇宙船の軌道は、ペンと紙を使って計算できる。手計算は面倒で間違いやすいが、SatOrbができることは、意志の強い人間ならばできる。物理学の博士が驚くような結果はSatOrbからは出てこない。私たちが生きている現実について、新しい真実を明らかにしたりもしない。一方、宇宙全体のシミュレーションからは、予想を裏切る結果が得られることがあり、真に新しいことを学ぶことができる。

宇宙の全体像は「ぶっ飛んでいる」

この本の中で、その理由を明らかにしていくつもりだ。バカバカしいほどの宇宙の大きさだけが問題なのではないが、少し立ち止まってそのスケールを考える価値はある。地球の直径がほぼ一万三〇〇〇キロメートルあることを想像するのは難しい。地球一三〇万個分以上もある太陽の大きさを理解するのはさらに難しい（訳注：太陽の直径は地球の直径の約一〇九倍なので、体積はその三乗で約一三〇万倍）。その太陽は、私たちが住む天の川銀河にある数千億の星の一つにすぎない。天の川銀河も、さまざまな形、大きさ、色をした数千億の銀河の一つであり、すべてが「宇宙の大規模構造」（宇宙の網の目）と呼ばれる広大なパターン上に配置されている。

シミュレーションによって、このようなさまざまな構造のすべてが、途方もない規模にもかかわらず、私たち自身の起源に果たしてきた役割が明らかになった。あとで説明するが、小さな岩石の惑星に存在する、主に炭素から作られた生命体（つまり私たち）は、巨大な宇宙の網の目なしには誕生し得なかったのだ。気が遠くなるような話ではないか。この事実を心から受け入れることなど誰にもできないと思う。

宇宙は巨大なだけでなく、非常に複雑でもある。シミュレーションが最も価値を発揮するのは、何十億個もの星、ブラックホール、ガス雲、塵《ちり》が織りなす万華鏡を映しだすときだ。これほどまでに多数の要素が組み合わさった、集団的なふるまいを予想するのは、きわめて困難だ。個々の構成要素の物理現象からは、簡単に導き出すことができない。

個の行動と集団の行動との決定的な違いは、地球に生息する社会性昆虫を観察すれば理解できる。たとえば軍隊アリは、群れをなして小さな昆虫のコロニーを見つけ、それを食い荒らす。群れをなしているあいだ、彼らは自分の身体を使って地形を平らにしたり、凸凹のある地面に橋を架けたりして、並外れた協力技を披露する。

しかし、餌までのルートを計画したり、橋の設計図を描いたり、穴を埋める場所を指示したりする者はいない。組織的な原理がないにもかかわらず、組織化された構造が現れるのだ。一匹のアリの観察だけからは予測が難しい構造だ。

これは、直感的には理解しにくいかもしれない。なぜなら、人間の社会組織はヒエラルキーと計画に大きく依存しているからだ。人間の目には、軍隊アリの集団行動は、「コロニー内の幹部が獲物を効率的に捕らえる戦略を立てている」ように映る。しかし、そのような個体は存在しない。たとえば、たくさんの個体が後ろから押し寄せればアリ橋に加わり、這いまわる個体がいなくなればアリ橋の構造から離脱するといった、単純なルールに従って行動する個々のアリがいるだけなのだ。このようなルールに多数の個体が従うから、精巧さが生まれるのである。[2]

混沌《こんとん》とした星やガスや塵から、どのようにして首尾一貫した宇宙が生まれるのか。それを理解するのが、コスモロジストの主な目標の一つだ。私たちは、重力、素粒子物理学、光、放射線などの自然法則にもとづいて、コンピューター・シミュレーションを構築し、夜空の観測結果と照らし合わせて、予測を検証する。コンピュータの演算は正確かつ高速なため、何百万、何十億もの部分的な要素に、単純なルールをくり返し適用することができる。それにより、どのようにして、少数のルールが驚くべき集団行動を生み出すかが、明らかになる。[3]

シミュレーションは、小さなスケールの法則をはるかに超える、宇宙の全体像を教えてくれる。本書を読み終えたころには、私たち自身の存在を左右する、複雑な宇宙の生態系の全体像が、いかに「ぶっ飛んでいる」かがわかるはずだ。

宇宙全体を描き出す

コンピュータの中に宇宙を取り込むには大胆さが必要だ。そもそも、無数の小さな影響が組み合わさって、全体的な結果を左右する様子を理解するのは、本質的に難しい。シミュレーションが、たとえわずかでも、なんらかの影響を見誤れば、結論が全然違ってしまうかもしれない。シミュレーションの極意は、個々の要素を可能な限り正確に特徴づけると同時に、不充分な点が残されていることを理解しつつ、慎重に結論を導き出す点にある。

予測のつかない変動が起こりうるなんて、信じられないかもしれない。宇宙は厳密で議論の余地のない法則に従っている。私たちは学校でそう教えられてきたし、厳密かつ広範囲に検証された、規則正しい物理法則に直接訴えることで、仮想宇宙を構築できるはずではないか？

それは原理的には正しい。そうすれば、間違いの余地など、ほとんどないように思われる。法則は、形式化された知識と予測の集大成であり、数学という正確な言語で書かれているため、コンピューター・コードへ変換するのにうってつけだ。だが、話はさほど単純ではない。

天気予報を例にとってみよう。明日の天気を伝える気象予報士は、風や雲や雨に及ぼす無数の小さな影響を組み合わせた「地球大気シミュレーション」をもとに予測をおこなう。しかし、物理法則は、風や雲や雨について、直接、書かれているわけではない。個々の原子や分子についてしか書かれていないのだ。天気は、地球の大気に含まれる一〇の四四乗個の分子が複合的に影響しあって発生するため、それを厳密にシミュレーションするには、それぞれの分子の位置と動きを知る必要がある。

でも、そんなことは不可能だ。コンピュータの記憶容量は有限であり、それは、オンまたはオフの切り替えに対応する、（記憶容量の最小単位としての）「ビット」で測ることができる。たった一つのビットでは、ほぼ何も記述できないが、充分なビット数があれば、なんでも保存できる。たとえば、白黒の画像は、格子（グリッド）上のビットで表すことができる。スイッチがオンなら黒いマス目、スイッチがオフなら空のマス目といった具合に。数字、文字、色、音、映像、フェイスブックの友人関係など、すべてがビットの並びとして保存することができ、ビットが多ければ多いほど、より詳細な表現が可能になる。

むかしのＺＸスペクトラムのメモリは、約四〇万ビットだったが、私が今この本を書いているノートパソコンは一〇〇〇億ビット、そして、スーパーコンピュータの中には一京（訳注：一兆の一万倍）ビットを超えるものさえある。

それでもまだ、地球の大気を分子レベルでシミュレーションするには全然足りない。一つの分子の情報をたった一ビットで保存するとしても、世界中の計算センターの現在の記憶容量[4]を一〇の二一乗倍に増やさなければならない。

つまり、天気予報は原子や分子をもとに構築することはできないし、銀河全体についてのシミュレーションも、原子や分子から計算することはできない。コンピュータ内に収めるために、無数の個々の構成要素一つひとつに触れることなく、膨大な数の分子を「ひとまとめ」にして、それらがどのように「集団」で動くか、互いに影響しあい、エネルギーをやりとりし、光や放射線に反応するかを説明することで、天候や銀河、あるいは宇宙全体を描き出さなければならないのだ。

人類とアルゴリズム

もしコンピュータ内で現実を模倣することが目的ならば、利用可能なリソースはバカバカしいほど足りない。多くの場合、実際に達成できることには厳しい制限があるものなのだ。そして、この半世紀、技術が着実に進歩するにつれて、宇宙物理学者のコミュニティは成長し、物理学的な「近道や技巧」を駆使して、宇宙のシミュレーションを扱いやすいものにしてきた。

近道や技巧は、どのように編み出されてきたのだろう。あるときは、自分のアイデアを認めてもらおうと奮闘した孤独な博士課程の学生たちの努力によって、またあるときは、難解な問題を解決すべく団結した研究室の全員によって。また、政府のトップが決めた、国の最優先課題の研究を通じてもたらされたケースもある。こうして生まれた、計算の近道や技巧は、もっともなものもあれば、当てずっぽうにしか見えないものもある。そのため、シミュレーションされた宇宙のすべてを額面どおりに受け取るわけにはいかない。

こうした問題は宇宙論に限ったことではない。人類は「シミュレーション、モデル、アルゴリズム」への依存を深めているが、これらのカテゴリーの境界線はあいまいだ。私は、アルゴリズムとは「取るべき行動を決定するためのルール（規則）」だと考えている。たとえば、自動操縦装置が飛行機の進路を修正したり、ソーシャルメディア・サイトがどの投稿を表示するかを決定したり、衛星ナビゲーション・システムが最適な道順を判断する、といったようなことだ。

このように一筋縄ではいかない決定をおこなうには、航空力学や、人間の集中力の持続時間、将来の交通の流れなど、関連する現象を記した基礎モデルが必要となる。この基礎モデルは、相互作用しあう要素が、たくさん含まれれば含まれるほど、最適なシミュレーションとなる。

「自分が世界を作ったのではない」

アルゴリズム、モデル、シミュレーションのあいだの微妙な境界線を示す良い例が金融取引で、二〇〇八年のリーマン・ショックでは、物理学からの着想が大きな役割を演じた。[5] 金融モデルの目的は、現実世界のあらゆる情報から、将来の株価の動きを予測することだ。そうした予測を細部までおこなうことは不可能だが、二〇〇〇年代初頭、ヘッジファンドは理論物理学者と、その情報にもとづいた将来を推測する能力に惚《ほ》れ込んだ。

「クワント」と呼ばれる金融アナリストたちが、個別銘柄が時間とともにどのように価値を変えるかについて、いくつかの単純な仮定を用いて、長期的な市場の動きをシミュレーションした。[6]

しかし、モデルやシミュレーションは現実を再現するものではないため、その根底をなす単純化された「前提条件」の域を出ない。市場が動揺すると、個々のトレーダーはパニックに陥り、あらゆる判断を疑ってかかるようになる。こうした状況下では、株式がどのように動くかを予測する規則を見出すことは非常に難しく、賭けが見事にはずれてしまうこともある。慎重さを欠くファンドマネージャーは、モデルやシミュレーションの予言を盲信しすぎて、坂道を転げ落ちるように運命が変わってしまった。

早くも一九六〇年代には、金融モデルを支える前提条件は、稀《まれ》にではあるが起こりうる、破滅的な市場下落のリスクを過小評価していると、数学者たちは警告していた。[7] 二〇〇〇年代の賢明な金融家たちは、こうした不測の事態に備えて、リスクを回避し、金融モデル作成者たちの約束を懐疑的に受け止めた。だが、金融投資業者たちの多くは、コンピューター予測のまばゆさに目を奪われ、その結果、顧客である投資家たちは、気が遠くなるような大金を失った。

ここでの教訓は、シミュレーションが役に立たないということではない。そこには微妙な「ニュアンス」があり、文字どおりに受け取るべきではない、ということなのだ。シミュレーションを理解するためには、その制約を深く理解する必要がある。それは単純化という点であり、とてつもなく複雑な現実と仮想世界とを隔てている。シミュレーションの不完全さをきちんと理解すればするほど、私たちはシミュレーションの本当の意味を理解できる。

二〇〇八年の金融大暴落をうけて、世界有数の二人のクアントが「モデラーのヒポクラテスの誓い」を発表した。「私は、自分が世界を作ったのではないこと、そして世界が私の方程式を満たすのではないことを忘れない……私は、自分のモデルを使う人々に、その正確さについて誤った安心感を与えない。私は、それを使うすべての人に、前提条件とミスが含まれていることを明らかにする」。[8] この格言は、宇宙シミュレーションにも適用されるべきだ。

宇宙をシミュレーションする際の金銭的リスクは、株式市場の賭けに費やされる数兆ドルに比べれば微々たるものだ。それでもコスモロジストは、シミュレーションの信頼できる部分と、そうでない部分をきちんと理解したいと考えている。

私たちは、新しい望遠鏡や研究所への賢い投資を導くことができる、正確な天地創造の物語を構築しようとしているのだ。基礎物理学研究にあてられる資金は、賢明に使われ、新たな発見のチャンスを最大限に高めるべきだ。

宇宙の実験室

これからご紹介するシミュレーションには、空想的な要素がいくつかある。まずは、暗黒物質（ダークマター）と暗黒エネルギー（ダークエネルギー）だ。これらは地球では絶対に遭遇しないエキゾチックな物質であり、最も感度の高い望遠鏡でも見ることができないが、宇宙の歴史を理解するためには欠かせない。ダークマターとダークエネルギーがなければ、シミュレーションで宇宙を理解することはできない。

このような物質を仮定するのは、とんでもないことであり、その結果、宇宙を理解するためのハードルが高くなる。シミュレーションの働きを示し、その限界を認め、それでもなお、大局的な観点から、とんでもない結論を受け入れる理由を説明しなくてはならない。だが、ダークマターとダークエネルギーの「存在」を受け入れるならば、実験では今のところ手つかずの、まったく新しい物理学の領域が拓《ひら》ける。科学者にとって、最前線での探究ほど刺激的なことはない。私たちは、いつの日か、人類が自然の秘密を知り、理解する日が来るという希望に突き動かされている。

また、シミュレーションは、科学の最も基本的な前提である「すべてのことには理由があり、原因と結果の連鎖によって起こる」という点に関して、人類の知の辺境を探検する。天気予報の観点からは、風、雲、雨、暑さ、寒さは単に現れては消えるのではなく、最終的に分散するまでに、何千キロメートルも移動する可能性のある、明確な気象システムとして存在する。だから、今日の天気を正確に把握することは、明日や数日後の天気を予測する上できわめて重要なのだ。

同じように、宇宙はそのときどきで好き勝手にふるまっているわけではなく、ドミノ倒しのような出来事の連鎖に従って進行している。その連鎖は約百三十八億年に及ぶ。

これは現在推定されている「時間そのもの」の年齢だが、始めに何が起きたのだろう？最初のドミノを倒したのは何なのか？

シミュレーションを構築する場合、何がもろもろの出来事を引き起こしたのかについて、事実にもとづいた「推測」を含めざるをえない。

少なくとも、宇宙の誕生については、議論の余地がない部分もある。宇宙がその生涯を通じて膨張し続けていること、そしてその膨張が非常に極端で、かつては宇宙空間全体が微小であったことを示す、紛れもない証拠がある。膨張はシミュレーションに簡単に組み込むことができるが、それだけでは宇宙の出発点を定義するには不充分だ。

何事も完全に確かではない

一九八〇年代以降の計算結果によれば、私たちの宇宙の起源を説明するには、原子や素粒子の現象を記述する、量子力学の理論が必要なことがわかっている。量子物理学は一世紀以上にわたって実験室で検証されてきたが、その結果は、常識では理解しがたい。量子力学の中心的かつ最も奇妙な主張は、「何事も完全に確かではない」ということだ。素粒子は原子の中で正確な位置が決まっておらず、あちらこちらへランダムに跳んでゆく。

かつて超ミニサイズだった宇宙には、このような量子現象が刻み込まれている。初期の宇宙では、物質が均等に広がることはありえない。なぜなら、物質がランダムに跳びまわる傾向があるため、物質がちょっぴり多い領域とちょっぴり少ない領域とが「単なる運」によって生まれるからだ。シミュレーションによれば、このような偶発的な差異が「種《たね》」となり、百三十八億年後の今日、私たちの周囲に見られる、あらゆる銀河、星、惑星といった天文学的構造へと成長する。

ようするに、宇宙は、まったく違った姿になっていたかもしれないのだ。私たち自身が存在することも偶然の要素が強く、存在しているのが不思議なくらいだ。宇宙の初期条件において、量子力学がはたらいているために、空に何があるはずかを正確に予測する望みは絶たれてしまう。

シミュレーションにできるのは、どのような種類のものが、どのような量で、どのような場所に存在する「可能性があるか」ということだけだ。しかし、こうした控えめな出発点からでも、宇宙について驚くほど説得力のある結論を導き出せることを、私はこの本でお伝えしようと思う。

空間が膨張し、目に見えない物質が中心的な役割を果たし、ミクロの世界を牛耳る量子力学が宇宙に影響しているなんて、ありえないと思われるかもしれない。宇宙論が特に難しいのは、宇宙が「変わり者」であること認め、受け入れることだ。私たちの視野は、スケール、速さ、状況において限られている。

ミクロの世界、銀河の世界とはどんなものなのか？ 光と競走するのはどんな気分なのだろう？ ブラックホールに落ちたらどうなってしまうのか？

こういったことがらに対処するには、いくつもの不測の事態に備えるのが賢明だ。宇宙を形作る物質は、私たちが地球上で知っているものとは違う。私たちが直感的に理解している時間と空間のルールは適用できなくなる。遠い遠い距離は、私たちの理解を超える。望遠鏡を通して見ている世界すら直感に反してくる。

私たちが望遠鏡で受け取る光は、現在の宇宙ではなく、過去の宇宙の姿を映し出しているからだ。光は速く進むが、それでも私たちが望遠鏡で見る、広大な領域を横切るには何十億年もかかる。人間の経験によって築かれてきた常識は、もはや通用しない。

箱の中の宇宙

私たちの存在の起源を理解するためには、宇宙の奥深くまで遡《さかのぼ》る必要がある。いわゆる「深宇宙」がどのように新たな銀河や星や惑星を育《はぐく》み、こういった要素がどのように相互に関係しているのかを理解するためには、コンピュータの中のミニ宇宙、つまりシミュレーションが必要なのだ。そして、シミュレーションを構築し解釈するためには、物理学を隅々まで理解していなければならない。

しかし、ここで言う物理学とは、区分けされたテーマごとに、暗記すべき方程式や、あらゆる問題の正しい解き方が用意されている、学校で教わる物理学ではない。すべての素粒子と、その素粒子が他のすべての素粒子に与える影響をシミュレーションすることなんて、誰にもできやしない。つまり、シミュレーションで利用される物理学は、大雑把な近似にすぎない。シミュレーションの物理学は、私たちが大学生に教えているものよりもはるかに厄介で、議論の余地があり、人間的なものなのだ。

また、シミュレーションの物理学は、理論家がときおり空想するような究極理論、すなわち、「あらゆる素粒子と力をたった一つの方程式で記述できる未来」とも、あまり関係がない。いつの日か、そのような方程式が発見されるかもしれないし、されないかもしれない。そのような物理学の究極理論は、たとえ私たちの宇宙の個々の微細な要素のふるまいを完璧に記述するものであったとしても、宇宙創造という名の物語にとっては、ほんのわずかな意味しか持たないだろう。

シミュレーションに携わる人々の探究は別のところにある。それは、素粒子や星やガスの雲など、あらゆるものの「集団的なふるまい」を理解することなのだ。孤立した一匹のアリを観察しても、そのコロニーの行動についてはほとんどわからないように、一個の素粒子を記述する抽象的な方程式をいくら研究しても、宇宙についてはほとんどわからない。

シミュレーションは新しいタイプの理解を可能にし、難しい計算をコンピュータに委ねることで、人間は、浮かび上がってくるつながりや関係に集中することができる。少なくとも、それが理想だ。そこへ到達するためには、コスモロジストは物理学にひそむ弱点に立ち向かわなければならない。

私たちが知っていることには限界があり、使える計算機の性能には制約があり、あらゆる場面で妥協を強いられる。その妥協点を自ら選択し理解することこそ、いちばんエキサイティングでやりがいのある部分なのだ。

その見返りは、私たちの故郷である宇宙の将来の展望だ。

その展望が完成するまでには長い道のりがある。実際のところ、完成することはないかもしれないが、シミュレーションはすでに、ダークマター、ダークエネルギー、ブラックホール、銀河、そしてこれらがどのように相互作用して宇宙に生命をもたらすかを教えてくれた。

物理学の基礎をはるかに超えて高くそびえ建つシミュレーションは、計算、科学、人間の創意工夫を融合させ、二十一世紀のコスモロジストであることの意味を大きく変えた。
この本は、そんな彼ら彼女らの物語である。

1章

空から銀河の彼方へ

気象学の驚くべき進歩

全宇宙をシミュレーションするのは難問中の難問だ。そこで、もう少し現実的な天気予報の話から始めるとしよう。この不確かな時代、専門家が明日や来週に何が起きるかを予測してくれるのは心強いことではなかろうか?

科学的な予言者のように、気象学者は、地球大気のコンピューター・シミュレーションの力を借りて、私たちの人生を導き、その日がどのような一日になるかを助言してくれる。人々が思っている以上に、気象予報士は天気をピタリと当てる。

気象予報士は天文学者とそれほど違わない。古代において、この二つの職業は切っても切り離せなかった。頭上を通過する彗星《すいせい》も雲も、文字どおり「高い空の研究者」である気象学者が扱う問題だったのだ。

その後、十七世紀の物理学者たちの研究によって、壮大な天文現象が予測可能になり、それが地球の天気とはほとんど関係がないことも明らかになった。しかし、風や雲は、人々のすぐ近くにあるにも関わらず、不可解なものであり続けた。

二十世紀まで気象学に本格的な進歩がなかったからといって、天文学者が気象学から遠ざかることはなかった。星や惑星を正確に観測しようとする者は、地球の大気中の熱や水分が、どのように光を微妙に曲げたり歪《ゆが》めたりするかを理解する必要がある。

ある夜には、星はそれなりに安定しているが、ある夜には雲がなくても瞬いている。これは天文学的な現象ではなく、気象学的な現象であり、星を見る人にとっては深刻かつ悪い知らせでもある。星の位置がずれ、惑星の画像は不鮮明になる。だから、観測を計画する天文学者は、（天文学者の手を離れた）気象予報士による予報であったとしても、天気予報に目を凝らすことになる。

テレビの天気予報を手軽に利用できる環境で育つと、天気予報をあたりまえのものと思いがちだ。しかし、あたりまえに見えて、実は、すべての予報は仮説であり、検証された予測は科学の勝利とみなされるべきだ。

一八五四年、ある米下院議員が、「やがて一日先までの天気がわかるようになるかもしれない」と提案し、みなの笑いものになった。[1]今では、一週間先の天気がわかることはあたりまえとなり、この飛躍的進歩は、科学革命と呼んでも差し支えない。気象学は、地球上のほぼすべての人と関係し、数十億ドルの経済効果があり、文字どおり人々の命を救っている。[2]

原因と結果の問題

さきほど指摘したように、個々の原子や分子の働きを支配する物理学の基本法則から出発して、地球大気のシミュレーションを構築するのは不可能だ。シミュレーションでは、気体がどのように移動し、熱を持ち、冷やされ、圧縮され、膨張するかについて、より高度な視点から説明する必要がある。風や気温のような粗い要素を捉えるのはさほど難しくないが、それに関係すると思われる多数の詳細を考慮に入れると問題が生じる。

たとえば、暑い日に木が太陽の光を吸収し、地面から水を吸い上げ、蒸気として空気中に放出することを考えてみよう。そもそも樹木は予報とは関係ないように思われるかもしれないが、太陽からの光を吸収し、蒸発を変化させ、土壌浸食を防ぐことによって、森林は周囲の天気や気候を大きく変えることができる。[3]

現在サハラ砂漠に覆われている地域には、八千年前、定期的にモンスーンの雨が降っていた。人間の農耕によって在来の植生が除去され、熱を吸収する能力が変化し、地域全体が砂漠化する一因となり、乾燥が進むにつれて残った植物が枯死する「暴走現象」につながった可能性がある。[4] シミュレーションの設計者は、驚くような効果の数々を特定し、それを取り込むための近道を必要とする。

シミュレーションを成功させるためのもう一つの要素がある。今日の天気を知らなければ、明日の天気を予測することは不可能だ。この「初め」の情報なくしては、いくらコンピュータに絶妙な計算方法を与えたとしても、プレーヤーや形勢から切り離された、純粋に理論的なボードゲームの「ルール集」になってしまう。

チェスの名人は本に書かれているあらゆる戦略を知っているかもしれないが、それでも盤面の「今の状態」を見せられない限り、あなたに助言することはできない。次に何が起きるかは、その前に何が起きたかによる。

十九世紀以前は、この原因と結果の問題こそが、天気予報の大きな障害だった。天気を理解するために必要な情報を集めることが、戦いの大部分を占めていたのだ。そのため、シミュレーションの起源を遡ると、コンピュータではなく、別の電気的発明である電報に行きつく。

始まり

物語は、ワシントンD.C.にある、威風堂々たる、赤砂岩のスミソニアン協会本部から始まる。

現在はナショナル・モールの一部になっているこの本部は、「城」というニックネームにふさわしく、ゴシック様式の傑作で、一八五〇年代後半には、ダウンタウンの外側の水が抜かれた沼地にポツンと建っていた。

建設資金は、英国人ジェームズ・スミソンが「人々の知識の増大と普及」のために米国に遺贈したものだが、市民は困惑し、怒った。ニューヨーク・タイムズ紙は、「協会が入る高価な宮殿ほど、激しい反発を招いたものはない。この建物は愚かさのきわみだ」と非難した。[5]

怒りに打ち勝ち、沼を乗り越えた人々は、さまざまな書籍、化石、絵画、彫刻でいっぱいになった、洞窟のような建物に入ることができた。なかでも唯一無二の展示品は巨大なアメリカ東部の地図だった。[6]毎朝十時に全米の気象観測所から電報が届く。すると助手が、黒は雨、緑は雪、茶色は雲、白は晴れを表すカードの切れ端を地図に貼り、現在の天気を示した。責任者のジョゼフ・ヘンリーは、「天気がシンシナティから東に向かって移動する」という経験則を頼りに、ワシントンの嵐を前もって予測し、訪問者を喜ばせていた。[7]

大西洋の向こう側では、ヨーロッパの海軍が天気を追跡することで戦略的優位に立てることに気づいていた。一八五四年、クリミア戦争の最中に発生した悲惨な暴風雨は、少なくとも三七隻の英仏の船舶を難破させ、野営地を破壊し、軍隊の物資をぼろぼろにした。ある目撃者の証言によれば、「パン、牛肉、豚肉、文房具、すべてが泥の塊になった」[8]。前もって嵐を警告することには、大いに価値があっただろう。

イギリス、フランス、オランダも天気予報に多大な投資を始めた。[9] スミソニアンと同じように、大陸の遠隔地からの観測が一つの地図に集められることになった。物理学者たちは、このような情報を「初期条件」と呼ぶ。それは、次に何が起こるかを予測するための出発点として、現在の状況を要約したものだ。

ロンドンの窮屈なオフィスで、ロバート・フィッツロイ提督と一握りの助手たちが、航海日誌と古い天気図の山に囲まれて座っていた。フィッツロイ提督は、信頼できる暴風雨警報が人命を救うかもしれないことを実体験から知っていたので、現在の観測結果を調べた後、翌日についての意見を沿岸の気象台や新聞社に伝えた。

初めて天気予報が発表されたのは一八六一年、ロンドンのタイムズ紙だった。数ヵ月のうちに、こうした予報は声高に嘲笑され始めた。新聞に寄せられた典型的な苦情の手紙は「強風も凪《なぎ》も風向きも、鉱山の中で当てずっぽうに予言するよりも当たっていない」だった。[10] 同紙の編集者は、フィッツロイ提督と彼の政府部門の失態にかすかに困惑しているようだった。「我々は厳かな権威にもとづいて、晴天を約束されたが、天は我々に霧と大洪水の一週間を与えてくれた」[11]。

これは、予報精度をめぐる現在の不満の声とそう変わらない。誰しも、予報に偽りの安心感を抱いて、傘もささずに出かけ、ずぶ濡れになったことがあるはずだ。だが実際、初期の試みは悲惨だった。

アメリカの気象学者クリーブランド・アッベは一八六九年、一日先までのヨーロッパでの予報のうち、的中したのはわずか三〇パーセントだったと推定した。それでも、彼はこれをアメリカ合衆国のための公式の予測サービスを開始する大きな契機とみなし、スミソニアン協会の取り組みを大陸全体に広めた。[12]

フィッツロイ提督の失敗は、初期条件の知識が不充分だったせいだと、アッベは見抜いていた。イギリスでは、嵐が大西洋から押し寄せ、手遅れになるまで気象観測所では見ることができなかった。これとは対照的に、アメリカの内陸部では、国中に張り巡らされた気象観測網から、接近する天候について重大な警告ができた。「私たちは自信を持って、一日、二日、または四日先の天候の様子を断言できるようになるでしょう」。そうアッベは書き残している。

自然の法則

初期条件は重要だが、それだけでは役に立たない。もともと天文学者であったアッベは、常に知識に飢えていた。友人によると、彼は毎朝早く起きて、二〇巻以上に及ぶブリタニカ百科事典を読み耽《ふけ》っていたという。[13] 全巻を読破したかどうかは知る由もない。哲学、芸術、文学について語るのが好きだったことは確かだが、アッベは、次第に気象学にのめり込み、それを職業とするようになった。

一九〇一年までに、彼は真に厳密な天気予報の基礎をなすべきだと考えるものを集めた。[14] 彼は、これまでの自身の予報は「単に経験の直接的な教えを表しているにすぎない。それは観測結果を一般化したものだが、物理学の理論は、ほとんど考慮されていない。だから、天文学者が論文で発表する予測に比べれば、きわめて初歩的なものなのだ」と、述べている。

アッベの天気予報への提案は、嵐がどのように移動するかといった、有用だが不完全な言い伝えを捨て、その代わりに少数の物理学的原理の結果をみきわめる、というものだった。最初のデジタル・コンピュータが登場するのは半世紀も先のことだったが、彼はシミュレーションの記述に近づいた。

アッベのやり方の核となったのは、(十九世紀の二人の科学者にちなんで「ナヴィエ＝ストークス方程式」と呼ばれる)流体力学の方程式だったのだ。目新しいものではなかったが、これを体系的に気象予測に応用することを提案したのはアッベが初めてだった。

「流体」という言葉は、石油、ガソリン、水などの液体を連想させるが、物理学者にとっては、空気、氷河の氷、太陽のプラズマ、銀河のガスなど、ほとんどすべてが流体だ。その結果、ナヴィエ＝ストークスの三組の方程式は、一見ほとんど共通点のないように見える物質の挙動を説明する。これらは「流体力学の法則」と呼ばれている。自然界の最も基本的な素粒子に言及しているわけではないが、それにもかかわらず法則としての地位を得ているのは、その意味するところが非常に普遍的だからである。

宇宙の超空洞

第一の方程式は「流体は現れたり消えたりすることはない」というもの。天気に関していえば、空気は流体なのだ。私たちの目には見えないが、それは確かに存在し、一立方メートルには二五兆個をさらに一兆倍した数の分子が存在する。今あなたの周りにあるほとんどの分子は、大気中のどこかに永久に残る。*

物質が保存される（つまり、消えない）という考え方は、重要な何かを捉えている。天気は主に、世界のある部分から別の部分へと物質を移動させることで成り立っている。これは、大陸を横断して嵐を追跡する初期の気象予報の核心だが、普遍的に強力な洞察《きづき》でもある。

宇宙規模では、風は何十億年ものあいだ吹き続け、巨大な雪崩のように物質を積み上げてゆく。風が集まる場所には銀河が形成され、風が発散する場所には、巨大で貧弱な何もない空間が残る。宇宙の「超空洞」（ボイド）だ。

このボイドについては後で詳しく述べるつもりだが、今のところは、私たちの宇宙にぽっかりと大きな穴が開いていることを認めよう。保存則のおかげで、光と生命を可能にする何十億ものにぎやかな銀河と対をなす、穴が必要なことがおわかりだろう。

あらゆる最高のアイデアと同様、保存則は単純かつ強力だ。しかし、保存則は、気象やその他のシミュレーションのすべてではない。ナヴィエ＝ストークスの第二の方程式は、「物質のさまざまな部分が互いにどのように押し合うか」を表す。つまり、力のはたらき方を教えてくれる。

気象予報士はよく圧力という言葉を使うが、これはミクロなレベルでの押し合いの別名だ。気象システム全体のスケールでは、高気圧は物質を外側に押し出し、低気圧は物質を内側に吸い込もうとする。正確な予測をするためには、重力や、地球の自転に伴う遠心力とコリオリの力など、他の力もシミュレーションに入れて考慮しなければならない（訳注：たとえば回転している円盤の端に立つと外へ飛ばされそうになる。それが遠心力だ。同じように、その円盤の上で歩こうとすると、うまく歩けずに曲がってしまう。それがコリオリの力だ）。気象に及ぼす複合的な影響は一筋縄ではいかない。

＊ 実際には、大気中の気体のごく一部が宇宙空間に放出されたり、成長する植物に吸収されたり、地面に堆積したりする。この法則は絶対的なものではないが、非常に強力であるだけに信頼性は高い。

木星のハリケーン

流体中の力がいかに奇妙にふるまうかを理解するために、一枚の硬めの紙を手に取って、目の前のテーブルの上に置いてみよう。一番近い二つの角をつまんで紙を持ち上げ、テーブルと平行になるよう平らに保つ。それから、遠い端が少し下がるようにしよう（自然に垂れ下がるだろう）。近い方の端を唇の真下に持ってきて、勢いよく息を吹きかけてみる。驚くべきことが起きた。紙の下に息を吹きかければ、遠くの端が持ち上がるように思われるが、なんと、紙の上に息を吹きかけたら持ち上がったのである。

紙片、飛行機の翼、あるいは地球の表面のような曲面上を空気が流れるとき、意外な方向に押し出す力が発生する。逆もまた真なりで、風はしばしば人が想像するような方向には流れない。

空気は高気圧から低気圧へとまっすぐに流れるのではなく、地球の自転によって曲げられるため、テレビの天気予報で低気圧を見れば、風がその中心を渦巻き状に回っていることがわかる。この回転のせいで、嵐は、より破壊的で、長く続くのだ。地球の自転がなければ、空気は低気圧に向かってまっすぐに流れ、嵐は発生と同時に自ら吹き飛んでしまうだろう。

ハリケーンがこれ以上ひどくならないのは、幸運としか言いようがない。木星には大赤斑《だいせきはん》という、地球の大きさに匹敵する嵐があり、少なくとも二百年間吹き続けている。もっと大きなスケールでは、何十億年にもわたって、重力は絶えず太陽系の惑星を内側に引っ張っている。

それは、嵐の目に吸い寄せられるかのような光景だが、重力は、惑星軌道を円形にすることにしか成功していない。力によって曲がった動きが生まれるが、天候や宇宙、その他あらゆるもののシミュレーションを正確におこなうには、力の影響を綿密に考慮しなければならない。

「運動には常にエネルギーが必要」であり、それが流体に関する三つ目の方程式だ。木星であろうと地球であろうと、太陽系のエネルギーの大部分は太陽光から来ており、太陽光がなければ嵐やハリケーンは発生しない。その一方で、太陽は私たちの生存にも不可欠だ。もし太陽が明日消滅するとしたら、地球は急速に冷え込み、一〜二週間後には人が住めなくなり、気温は最終的に約マイナス二四〇度まで下がるだろう。[15]

エネルギーは、太陽系の生命にとってそうであるように、宇宙の発展にとって、時に助けとなり、時に妨げとなる。星々から宇宙の奥まで届くかすかな光は、そこにある希薄なガスを温めるのに充分だ。

さらに破壊的な現象もある。超新星爆発は何光年もの距離の穴をうがってしまう。ブラックホールでさえも、銀河系の生命を制御する壮大な宇宙のエネルギー収支に含めなければならない。アッベが気づいていた三つの法則、すなわち、

一．物質が消えてなくならないこと
二．力を計算すること
三．エネルギーのプラスとマイナスの影響を理解すること

は、地球でも宇宙の最も遠い場所でも重要なのだ。

浜辺に打ち寄せる波

アッベは、三つのナヴィエ＝ストークス方程式が気象予報の基礎であるべきだと気づいたが、それを実際に使うのは簡単ではなかった。方程式そのものは簡潔かつエレガントで、保存則、力、エネルギーの原理を美しくコンパクトな記号で書くことができる。私が大学で最初に板書した、何の変哲もなさそうな三行の方程式を書き留めたノートは、今でも手元に残っている。だが、それが簡単に解けるかとなると、話は別だ。

私たちは人生のある時点で、未知数xが一つの方程式を解くことを教わった。それから未知数がもっと多い、たとえばxとyの連立方程式も教わった。しかし、ナヴィエ＝ストークス方程式は未知数が二つか三つどころか、無数の未知数があるかもしれない微分方程式なのだ。

その理由を知るために、浜辺に打ち寄せる波を想像してみよう。これはナヴィエ＝ストークス方程式で表せる状況だ。方程式に現れる記号の一つは運動速度を表している。しかし、その数値は一つではない。水は一様に動いているわけではなく、一滴一滴が膨張したり、衝突したり、水しぶきを上げたりして、他とは異なる動きをする。私たちは今でも微分方程式を「解く」という言い方をするが、それぞれの記号に対応する答えの数字が一つだけあるわけではないので、より標準的な方程式を解くのとは訳が違う。

解は、その代わりに、特定の状況（たとえば、浜辺に近づく波や今日の天気における風）から出発し、次に何が起こるかを予測するために、時間的に未来へと答えを広げながら、変化する運動のパターンを記述する。たいていの状況では、完全な解を求めると、きわめて複雑な運動の各部分に対応する数字が無限に出てくるので、どんなに才能のある数学者でも解き切れない[16]。

こう書くと、微分方程式は、なんだか非現実的なもののように聞こえるかもしれない。だが、状況を単純化し、圧倒されるような細部を排除すれば、解を見つけることは可能だ。私は大学の一学期のほとんどをナヴィエ＝ストークス方程式の解法に費やし、理想化された海の波、星、銀河の円盤、エキゾチックな遠い惑星の大気など、豊富な例を勉強したものだ。

人当たりの良い担当教官が、学生二人ずつに面談でコメントをくれることになっていたのだが、私は運悪くクラス一番の天才と一緒の面談になってしまった。講師はまず彼にこう言った、「良くやったね」。それから、講師は私の方を向いて、「君は」と言ってから、何か優しい言葉を探していたようだが、「……あまり良くなかったね」と言った。

三つの方程式が理解できないわけではなかった。それらは完全に論理的で、その関連性は通常は明確だ。砕け散る波を思い浮かべれば、原理は理解できる。

まず、保存：水が消えないという事実が、特徴的なさざ波を生み出す。ある場所で水位がわずかに押し下げられれば、近くのどこかで水位が上がるはずだ。
第二に、力：風によって波が押し上げられ、重力によって波が下がる。
最後に、エネルギー：エネルギーは、深海から浅瀬へと運ばれ、波が浜辺に打ち寄せる原因となる。

厄介なのは、これらの問題の単純化された側面を一度に一つずつ引き出す理想化を見つけることだ。海上の安定した風が規則的な波紋を形成する方法、風と重力がどのように組み合わさって波を形成するのか、深い水と浅い水とでエネルギーの伝わり方が異なるのはなぜか、などなど。この種の単純な質問には、一時間か二時間で答えられる。全体的な運動は、ほんの一握りの数字に要約できるからだ。

しかし、私には忍耐力がなく、粘る価値があるのかどうか確信が持てなかった。この結果は、自然がどのようにふるまうかを大雑把に描いたものとしか受け取れない。このような大雑把な近似をおこなったところで、結果はせいぜい指標にしかならない。

コンピュータが登場する以前は、流体力学の抽象的な法則を具体的な洞察《きづき》に変えることは、人類の能力の限界だった。もっと努力すべきだったと今になって思う。これは大学生にとっての悩みの種というだけでは終わらない。プロの科学者は、この種の問題を本質まで煮詰めるのだ。そして、結果がさほど正確でなくとも、得られる知見は大きい。

アッペが求めていたのは、抽象的な知見ではなく、流体方程式から天気を予測する実用的な能力だった。彼は問題をより単純で理想的なシナリオに分割することはできないと悟った。それでも彼は、科学的な天気予報は可能であり、試みるべきだと確信していた。

この楽観主義は、彼の長所であると同時に短所でもあった。「彼は時間がないとか機会がないとかいうような言い訳をすることはめったになかった」と、追悼記事には書かれている。彼のプロジェクトの多くはありえないほど野心的だった。[17]

天気予報に関していえば、アッペの楽観主義は、世界中の一流の気象学者たちがそのビジョンを採用し始めたことで、良い方向へと向かった。アッペの一九〇一年の論文から二十年も経たないうちに、スコットランドの物理学者ルイス・フライ・リチャードソンとその妻ドロシーが、ナヴィエ＝ストークス方程式を使って気象予報をおこなう、本格的な試みに挑戦することになる。

リチャードソンが描いた夢

今日のシミュレーションは、大学の授業のような簡略化なしに、ナヴィエ＝ストークス方程式を解くという壮大な課題に挑んでいる。コンピュータが自由に使える状況でも、充分に難しいが、リチャードソン夫妻は、ペンと紙しか使わなかった。それどころか、ルイス・フライ・リチャードソンは、第一次世界大戦中に、フランスの最前線で負傷兵を戦地病院へ運びながら、その計算の大部分を完成させたのだった。

クエーカー教徒として育ったルイス・フライ・リチャードソンは、堅固な平和主義者だったが、英国気象庁を辞職し、友軍救急隊で働いた。おそらく数少ない休息日に、退屈な計算が、いろいろなことを忘れさせ、故郷とのつながりを感じさせてくれたのだろう。その頃、彼の妻は、スミソニアン様式のグリッド上で重要な初期条件である風と気圧のパターンを照合することに力を注いでいた。[18]

この「予報」を完成させるには何年もかかる。だから、実際的な意味での予報とは言えなかったが、アッベが開発した方式（そしてもう一人の気象学者ヴィルヘルム・ビヤークネスが改良した方式）による予報が、原理的には可能なことを示すのが目的だった。[19]

戦争で離ればなれになる前に、リチャードソン夫妻は、一九一〇年五月二十日午前七時の天気予報を照合し集計した。目標は、その情報を使って、今はとっくに過去の同じ日の午後一時の天候の状態を計算することだった。「おそらく遠い将来、天候の変化よりも速く計算を済ますことが可能になるだろうが、今は夢物語だ」と、リチャードソンは書き残している。

当時の予報は、フィッツロイ時代よりは改善されたとはいえ、かなり曖昧なものだった。一九一〇年五月二十日付のタイムズ紙の天気予報では、イングランド全土について「東寄りの弱い風、変わりやすく、局地的に雨、雷、晴れ間、大気はやや湿潤、気温は平年より高め」となっている。リチャードソン夫妻は、四万平方キロメートルに及ぶ巨大な地域の平均的な風、気圧、湿度を予測したが、それ以上の細かい予測をしようとはしなかった。

ナヴィエ＝ストークス方程式が人間の予報士の経験に匹敵するのであれば、このアプローチはさらに発展させる価値がある。大学生が教わるように方程式を単純化しようとするのではなく、リチャードソン夫妻はその逆をおこなった。抽象的な代数の隠された複雑さを解きほぐし、まるで悪夢のようなスプレッドシートか確定申告書のような、数字がぎっしり詰まったフォームにしたのだ。

それぞれの用紙には、二つの数字を足したり掛けたりするような単純な計算を実行するための正確な指示が書かれており、その結果得られた数字を次のページに移し、そこでさらなる計算が待っているという流れだ。

午前七時の初期条件のグリッドからスタートし、午前十時の天気を予測する。その予測を新たなフォームの入力として使用し、リチャードソンはさらに三時間後の午後一時へと予測を推し進めた。シミュレーションの用語でいえば、彼は、三時間の時間ステップを二つ進めたのだ。

現代の気象シミュレーションでは、最高の精度を出すために、時間単位ではなく秒単位で、もっと短いステップを踏む。その結果、リチャードソンが対処しなければならなかった計算よりも、はるかに多くの計算が必要となり、しかも、数日先、数週間先まで計算を進めなければならない。

だが、宇宙全体のシミュレーションであっても、基礎原理は同じなのだ。初期条件を数値に変換し、三つの重要な方程式をその数値を操作するためのルールに変換する。ルールに従えば、一つのステップが完了したことになる。そして、また同じことを繰り返しながら時間ステップを進めるのだ。

コンピュータには、疲れずに素早く計算できるという大きな利点がある。スマートフォンのプロセッサーでさえ、毎秒数十億回の演算が可能だ。リチャードソンは、前線から数マイル離れた場所で「寒い宿舎の干し草の山」を机として、たまの休息日にすべてを手計算しなければならなかった。[20]

そこで彼は、余計なことを考えずに自分の指示に従うことができ、最終的には物理学にもとづいた最初の天気予報を手にした。たとえ彼がこの計算に一日八時間専念できたとしても、完遂するのに数週間はかかったはずだ。[21]

残念ながら、この試作シミュレーションは大失敗に終わった。六時間で気圧が九六三ミリバールから一一〇八ミリバールまで上昇するという予測が出たのだ。この結果を実際に観測された天気と比較する必要はなかった。予測値は、地球上で記録された最高気圧一〇八四ミリバールを余裕で超えてしまったのだから。[22]おっと！

このような状況でどのような気分になるのか、想像もつかないが、無意味な計算をしたことには同情する（打ちひしがれた流体力学の講師の声が、今でも脳裏にはっきりと聞こえてくる）。リチャードソンは著書の中で、この結果は「風の初期データの誤差によって台無しにされた」とコメントしている。

絶望的に聞こえるが、現代の分析によれば、それは多かれ少なかれ正しかったようだ。午前七時の天気に関する情報がもっと正確であれば、彼はまともな昼食時の予報を手にしていただろう。[23]

ルイス・フライ・リチャードソンはこの失敗談をまったく気にかけていなかったようで、その後、高度に技術的な教科書を執筆し、数値的アプローチによる天気予報の計算を開始するために、何万人もの人々を採用するよう、大真面目に提唱した。[24]

彼は、中央の高い教壇にいるマネージャーが指揮を執り、予報士たちが働く、精巧に作られた巨大な円形劇場を思い描いていた。親切なことに、彼は「外には遊び場があり、家があり、山があり、湖があり、天気予報をする人々には快適な環境だ」と書いている。

現実には、円形劇場は必要ないだろう。リチャードソン夫妻が生きているあいだに、ビジョンは実現するだろう。壮大な劇場で働く人間によってではなく、金属製の箱の中で飛び回る電子によって。

たくさんの穴と「コード化」

シミュレーションの構成要素として、初期条件とルール集の二つを説明した。リチャードソン夫妻は、世界中の空気の流れを教えてくれるナヴィエ＝ストークス方程式から出発し、一連の計算方式を開発した。時間ステップを進めながら、天気を段階的に予測するのだ。ナヴィエ＝ストークス方程式は、力やエネルギーといった普遍的な概念を含んでいるため、天気だけでなく、物質が宇宙全体に満ちたり引いたりして流れる様子も教えてくれる。

しかし、膨大な数の計算を高速で実行する実用的な手段がなければ、計算方法を思いついても、あまり意味がない。ルイス・フライ・リチャードソンの白昼夢に登場するような、多忙な算術の達人たちに代わる機械が必要なのだ。人間はコストが高く、ミスを犯しやすいし、延々と数字を計算すると飽きてしまう。今日のシミュレーションは、安価で信頼性が高く、不平を垂れないコンピュータがやってくれる。
　現代的な意味での最初のコンピュータは、チャールズ・バベッジが十九世紀に考案した「解析機関」だろう。バベッジの設計で感心するのは、解くべき問題が、長い短冊状のカードに開けられた、たくさんの穴によって「コード化」されることだった。
　穴のパターンは、どの算術計算をどのような順序で実行するかを示しており、歴史上のどの計算機とも異なり、この計算機は、カードを変えるだけで、いくらでも別の問題を解くことができた。
　これより古い時代の機械は精緻だったが、柔軟性に欠けていた。たとえば、十九世紀初頭、測量技師が土地の面積を計算する装置を開発した。オペレータが地図上で周囲をなぞると、囲まれた面積が自動的に文字盤に表示されるのだ。[25]
　さらに時を遡《さかのぼ》ると、十七世紀には、数学者のブレーズ・パスカルが、二つの数を入れると足したり引いたりできる機械を開発していた。[26]古代ギリシャ人ですら、歯車を利用して、日食を予測する機械を発明していた。[27]
　このような機械は独創的だったが、ある特定の目的にしか使えなかった。これに対してバベッジは、カードだけ変えれば、好きな計算を実行してくれる機械を構想した。リチャードソン夫妻は、巨大な天気予報用紙をバベッジのコンピュータ用のコード化された命令に変換することができたはずだ。解析機関が実際に作られていたなら。

残念ながら、バベッジは実用的な人間ではなかった。彼の完全主義と自己正当化の癖が、プロジェクトを瓦解《がかい》させたのだ。機械を製作するエンジニアと仲違《なかたが》いし、絶えず設計を修正し、周囲に迷惑をかけ続け、ケンブリッジ大学の教授職を引責辞任した。バベッジは機械建設のため、公的資金を得る働きかけに成功したが、機械は完成しなかった。

バベッジは、首相に呼び出され、無益な出費の責任を追及された。[28] 怒ったバベッジはといえば、政府の無能さを酷評する始末だ。[29] かくして、彼の財布の紐は切られ、解析機関はあっという間に忘れ去られた。

素晴らしい赤ちゃん

バベッジの友人であり共同研究者であったエイダ・ラブレスは、バベッジと共に働くことに苛立ちを感じていた。「バベッジはきわめて非現実的で、自己中心的で、乱暴な人物の一人であるという結論に至り残念です」と、彼女は母親宛に手紙を書いている。[30]

それでもラブレスはバベッジの仕事について膨大なメモをとり、機械に特定の計算をさせる方法を考案した。彼女は「ループ」という概念を考案し、同じ命令セットを何度も繰り返し、そのたびに計算の最終結果に近づくようにした。これはリチャードソンの天気予報の試みの根本にあった考えと似ている。[31]

そして彼女は、バベッジの工作機械があらゆる科学的な疑問に光を当てることができ、さらには芸術にまで進出し、「複雑で長く精巧で科学的な音楽」を作曲することさえできるだろうと指摘した。[32]

ラブレスは実際にシミュレーションのようなものを予見しており、機械が「(科学的な)原理を具体的で実用的な形に変換するのに役立つ」と書いている。彼女はさらに、コンピュータが喋ったり書いたりして現代社会の知的生活に入り込むだろうと考えた。[33]

このビジョンに満足した彼女は、冗談めかして「私のこの最初の子どもにはとても満足している。この素晴らしい赤ちゃんは、大きく力強く成長することでしょう」と宣言した。[34] その赤ちゃんとは、彼女の未来を見通した明晰《めいせき》な文章を指していたが、ビジョンを具現化する物理的な機械が完成しなかったため、抽象的すぎて広く世間に理解されることはなかった。

ノイマンの研究

その後、一世紀を費やしたが、最終的にバベッジとラプレスの柔軟な計算機構想は、アラン・チューリングによって独自に再発見され、拡張され、精緻化された。チューリングの機械は、実際に作られたが、それは、電気工学の進歩によるところが大きい。バベッジの機械式コンピュータは、計算のあらゆる段階で、重い金属棒や車輪を回転させなければならなかった。それとは対照的に、電子計算機は、軽い電荷を動かすだけでよい。

より現実的な設計に加え、軍事的な関心の高まりも、英米でのコンピュータの実現に大きな役割を果たした。一九五〇年、ENIAC《エニアック》（Electronic Numerical Integrator and Computer：電子数値積分・計算機）を使って、機械計算による初の気象シミュレーションが完成した。

この機械はもともと、第二次世界大戦で米軍を支援するために作られ、マンハッタン計画の中心的役割を演じた。その費用は四〇万ドルにものぼり、当時としては莫大なものだったが、結果的にかけがえのない施設となった。[35]

戦争に特化したENIACが天気予報に利用されたのは偶然ではない。核爆弾のパイオニアであるジョン・フォン・ノイマンを含む科学者の多くは、正確な気象計算能力が、やがて新たな軍事能力につながると信じていた。

気象現象の自然な経過が予測できれば、（飛行機からエアロゾルを散布したり、大気中で爆弾を爆発させたりするような）人間の介入による波及効果も予測できると考えたのである。「結果を予測するために必要な分析をおこない、好きな規模で介入し、最終的には素晴らしい効果を生むだろう」と、彼は書いている。

気象をコントロールすることで、想像を絶するような結果がもたらされる可能性がある。大気はつながっているので、ある国が気象をコントロールすれば、地球全体に影響を及ぼす可能性がある。「核戦争やその他の戦争の脅威以上に、天気のコントロールは、あらゆる国々を巻き込むだろう[36]」。

このように考えると、環境を「いじる」のはデメリットが大きいように思われる。だが、ソビエト連邦が気象をコントロールしようとしているのであれば、アメリカも開発した方がいい。ある気象学者は「ロシアが気象コントロールの方法を我々より先に発見した場合の結末を考えるとぞっとする」と心配し、ワシントン・ポスト紙に寄稿している[37]。

幸いなことに、軍事目的で気象を改変しようとする試みは、比較的小規模にしか試みられず、特段の成功を収めることなく[38]、一九七八年に国連によって禁止された[39]。大気を意図的に操作することは、あまりに困難で危険なため、最終的には断念されたのだ。しかし、フォン・ノイマンは、貴重なコンピュータが使える時間を気象研究に費やす気になった。[40]一九四八年にフォン・ノイマンは気象学者のチームを結成し、二十四時間予報の第一歩を踏み出したのである。

コード、コード、コード

リチャードソンと同様、このチームの最初の目的は、実用的なものを生み出すことよりも、むしろその意義を証明することだった。また、リチャードソンと同様、チームは周囲の女性を頼りにした。ジョンの妻であるクララ・ダン・フォン・ノイマンは、シミュレーションの核心である「コーディング技術の指導と（中略）最終的なコードのチェック」をおこなったと記録されている。コードとはコンピュータへの命令であり、バベッジの機械に送り込まれたはずのパンチカードのこと。つまり、方程式を解くために、初歩的な算術計算へと問題を分解するのだ。[41]

コードは今や至るところにある。コンピュータ、スマートフォン、テレビ、インターネット・ルーター、デジタルカメラ、車、洗濯機、食器洗い機、冷蔵庫、セントラルヒーティング、ジェット機、エアコン、宇宙ロケット、ビデオレコーダー、列車、CCTVカメラ、ケトル、石油掘削装置、掃除機、コンバインなどは、スイッチを入れた瞬間から、どこかのチームが書いたコードが使われている。

内部のコンピュータは一つとは限らないが、さまざまなハードウェアに接続されている可能性がある。モーター、ポンプ、ディスプレイなどなど。これは、大幅にミニチュア化されたENIACに似ている。

しかし、現代のコンピュータのコーディングは、ENIAC時代とはまったく違う。当時は、コーディングする人間が、計算方法を細部まで表現するためには、最も単純な計算であっても、「マシンの中身がどうなっているかを正確に把握している」必要があった。シミュレーションのような複雑なものを作るには、足し算、引き算、掛け算、比較といった何千もの初歩的な命令を、まるで砂粒から砂の城を作るように、すべて正確に配列して表現しなければいけなかった。

全体的に、コーディングは退屈で、ミスを犯しやすく、技術が発展するにつれてますます繰り返しが多くなっていった。シミュレーションにわずかな変更を加えたり、（さらに悪いことに）別のマシンに切り替えたりするだけで、手作業によるコピー、適応、チェックに何ヵ月もかかることもあった。

ハーバード大学の地下室

グレース・ホッパーは、このような問題をいち早く認識し、解決策を提案した一人だ。彼女はヴァッサー・カレッジの数学者だったが、一九四〇年代初頭に海軍予備軍に入るために大学を辞めた。彼女は、ハーバード大学の目立たない地下室で、武装した警備員が守るドアの向こう側で、マークⅠという名前のENIACの競合機を動かすことになった。

彼女はそこで海軍の技術者から依頼のあった方程式を解くためのコーディングをおこなっていたのだ。[42] それは熟練が必要な仕事だったが、退屈で繰り返しの多い仕事でもあった。一九七八年、コンピューター科学者の会議で彼女は、「マークⅠのマニュアルを使ってコンピュータをプログラムする事態に直面したら、あなた方の大半は、腰を抜かすだろう」と発言した。[43]

一九五〇年代、ホッパーと彼女の同僚たちは、コードを書くことの退屈さを解決する方法を発見した。コンピュータのためにコードを書くのではなく、コンピュータ自身にコードを書かせればいいのだ。だが人々は、「そんなことはまったく不可能だ。コンピュータにできるのは算術だけで、プログラムなんか書けやしない。人間のような想像力も器用さもないじゃないか」と、嘲笑するのだった。[44]

しかし、彼女には自分のアイデアのどこが問題なのかわからなかった。人間が高レベルの命令を与えることができれば、それが曖昧さを排除して書かれていれば、コンピュータはその命令を自らの動作に必要なコードに「翻訳」することができるはずだ。これは、バケツとスコップを使って砂の城を築くようなものだ。砂粒は勝手に城の形になる。コンピュータは今や、「解決したい問題を抱えた、ごく普通の人々が使える手段を提供する」と、彼女は説明した。コンピュータの設計に精通していない私たち「ごく普通の人々」は、特定のハードウェアの構造を正確に知らなくとも、自分の専門分野に集中することができるようになる。

そして今日、これこそがコーディングのすべてなのだ。自分自身の専門的な情報、データ、命令を、通常は「英語が簡略化されたような言語」でコンピュータに伝えるだけだ（ホッパーは、戦後勤務していたレミントンランド社の経営陣を困惑させた。彼女は、人間が読みやすいコンピューター言語はフランス語やドイツ語をもとにすることも可能だと証明してみせたからだ。結局、彼女のチームは、英語をもとにした言語を使うことに同意したのだが）。[45]

現在、さまざまなコンピューター言語が乱立しており、そのどれもが独特な名前を持っている：Python《パイソン》、Rust《ラスト》、Swift《スウィフト》、Java《ジャバ》、Go《ゴー》、Scala《スカラ》、C++《シープラスプラス》などなど。私が子どものころに最初に習ったのは、そのものずばりベーシック（Basic）という言語だった。どんな方言を用いても、コンピュータ自体が正確に命令を実行に移すので、私たちの人生は非常に楽になる。

一九五〇年に発表されたＥＮＩＡＣの天気予報は、ホッパーの洞察《きづき》より前に発表されたものだが、その後の予報はすべて、彼女のコーディングへの新しいアプローチに依存している。彼女のアプローチは、（これから述べる）その後の発展にとってもきわめて重要だ。

たとえ高級言語で書くとしても、シミュレーションの問題をコードする人は、リチャードソン夫妻が予見したように、結論に向かって時間的に進みながら、いくつかのステップに分解しなければならない。最初のＥＮＩＡＣによる天気予報では、二十四時間の予測を出すのに三時間ずつ八つのステップを踏んだ。それには、全部で約二五万回の計算が必要で、コンピュータ以前の人類の手に余るものであった。

結果は心強いもので、最終的には、少なくとも人間の気象予報士と同程度の予報をはじき出した。クリーブランド・アッベは一九一六年に死去したため、彼の夢が達成されることはなかったが、ルイス・フライ・リチャードソンはドロシーと共に、このプロジェクトの主任気象予報士宛に次のような手紙を送った。「われわれがむかし得た、たった一つの、まったく間違った結果と比べ、格段の科学的進歩だ[46]」。

劇的な進歩

最初のコンピュータによる予報は上出来で、知る人ぞ知るものだったが、実用にはまだほど遠かった。計算にはほぼ二十四時間かかった。ようするに、この機械は、予測する天候に遅れないように計算するのがやっとだったのだ。

部屋いっぱいに設置されたENIACは、毎秒約五〇〇回の計算を実行した。一年も経たないうちに、アメリカ国勢調査局は、毎秒一九〇〇回の計算ができるコンピュータを導入し、十年経たないうちに、トランジスタ技術によって回路が小型化され、毎秒数百万回になった。

今日では、このような微細な計算機が何百億個も一つのチップの中に入っているため、私のノートパソコンでもENIACがおこなった予測を数マイクロ秒で完了できるようになった。現代の最も強力なコンピュータは、何万台ものノートパソコンをつないだのと同じ性能のハードウェアで、先祖のENIACと同じくらい巨大な、しかし全能のメガマシンになっている。

シミュレーションは、このようなマシンを常に有効活用できる。計算能力に明確な限界はない。二十年前の携帯電話を思い浮かべてほしい。ディスプレイは粗くざらついて見えた。ディスプレイを構成するピクセルのグリッドが粗かったからだ。個々のピクセルを小さくし、その数を増やすことで、現在の携帯電話の画像は、より高解像度になっている。その結果、画像は比較にならないほど滑らかで、細部まで鮮明に表示されるようになった。

同じように、地球の大気であれ、遠い銀河のシミュレーションであれ、解像度が上がることで恩恵を受ける。より多くの独立したブロックに分割できるのだ。嵐や銀河の衛星写真を見ると、至るところに微細な構造が見える。ズームインすれば、その構造の中にさらに細部がある。より多くのものを捉え、シミュレーションすればするほど、結果はより正確になる。しかし、そのためには、より高い解像度、よりたくさんの独立したブロック、そしてさらなる計算能力が必要となる。

進歩とは、誰もが、数時間先の数キロメートル範囲の局所的な気象予報にアクセスできるようになったことを意味する。過去二十五年間で、予報精度は劇的に向上した。四十年前は一日先までの予報しか意味をなさなかったが、二十年前は三日先までの予報がそれなりに信頼でき、現在では同じ精度が五日先まで伸びた。[47] このような進歩は、ハリケーンの予報の際には生死を分けることになる。[48]

たくさんの命が救われたのは、コンピュータの性能が急激に向上し、かつてない高解像度へ移行したおかげだと考えたくなる。たしかにそれも一理ある。しかし、それだけではない。人工衛星や気象観測所によって、広範囲で初期条件の観測がおこなわれるようになったことも改善に寄与しているし、何よりもシミュレーションそのものが、私が紹介したようなルールだけに縛られてはいないのだ。

サブグリッド

シミュレーションには、宇宙物理学者にとっても気象学者にとっても、しばしば最も重要な部分となる、隠れた次元が存在する。それは「サブグリッド」と呼ばれるもので、今日いちばん大きく進歩しているのは、この部分なのだ。

サブグリッドとは、「一つのグリッド、つまり最小のマス目の内部で起きるすべてのこと」を指す。サブグリッドがなければ、マス目の内部の動きは無視され、マス目の内部は、完全に均一な雲、風、気温、気圧だと仮定される。サブグリッドは、真っ白なキャンバスに細部を描き出そうとするようなもので、絶対に必要だ。

たとえ現代の天気予報が地球を数キロメートル程度の四角いグリッドに分割していたとしても、蒸し暑い一日のあいだに上空を見上げれば、問題は一目瞭然だ。雲があちこちで生まれるが、そのほとんどは数キロメートルより小さいのだから。

サブグリッドがなければ、このような雲はシミュレーション内に存在できない。サブグリッドがなければ、地域全体に雲がないか、一様な雲に覆われているかのどちらかであり、その中間は許されない。その結果、予報が雨の可能性を見落とすこともあるし、さらに悪いことに、地面に届く太陽の熱を誤って評価し、間違った気温を予測することにつながる。時間とともに、間違った気温が間違った風を生みだし、いつの間にか予報全体がメチャクチャになってしまう。

無限のコンピューター処理能力を持つ世界であれば、天気予報士は、湧き起こる雲よりもグリッドが小さくなるまで解像度を上げて、サブグリッドなしで計算しようとするかもしれない。将来のシミュレーションは、いつかそれを達成するかもしれないが、気象学者はさらに小さなスケールのプロセスを気にするようになり、グリッドは、ミクロなスケールにまで及んでゆくだろう。

森林の上に雲ができるのは、樹木からの水分の蒸発に依存していることはすでに述べた。ひるがえって、その水分蒸発は葉の微細な気孔によって決まり、それは複雑な生物学的メカニズムによって開閉され、光の量、気温、土壌中の水分の有無などに左右される。このような要素をすべてシミュレーションに含める必要がある。

しかし、このような要素は、考えうる限り実現可能などんなグリッドよりもはるかに小さいため、サブグリッド処理が唯一の選択肢となる。難しいのは、適切なサブグリッドのルールを考え出すこと。コンピュータがそれなりに正確かつ扱いやすい方法で、考慮すべき詳細を特徴づけるルールが必要なのだ。

本の出版後、リチャードソン夫妻の研究は厳しい批判にさらされた。間違った答えを得たことよりも、小規模な現象を捉えることができなかったことについての批判だった。ハーバード大学のある教授は、「天気は小規模な現象に左右されるが、それはシミュレーションを混乱に陥れる」から、この研究は最初から失敗する運命にあったのだと苦言を呈した。[49] さらに、この本は非常に難解であるため、「買った人はみな、すぐに本棚に置いてしまい、そのまま捨て置かれるだろう」と書いた。

創造的な飛躍

だが、リチャードソン夫妻は、この問題点を完璧に把握しており、すでにサブグリッドで解決する骨子を提案していた。大胆な予報士たちは、実際の天気を再現するためのルールを「発明」せざるを得なくなるだろうと。小さな雲はシミュレーションでは表現できないため、「湿度の高い晴れた日には、数時間後に太陽の光の一部が地面に届かなくなり、雨が降り始めるかもしれない」というようなルールが新たに追加されるわけだ。

こういったサブグリッド規則は、基礎をなす流体法則とは性格が異なる。純粋に形式的な推論というよりは、経験、予想、大まかな計算の組み合わせから導き出される、特殊で適用範囲の狭いものなのだ。

いつ雨が降るかを予測するのはサブグリッドの仕事だ。ENIACの気象チームの一人、ジョセフ・スマゴリンスキーは一九五五年に、「気圧、気温、風といった他の気象要素とは異なり、広範囲の降水よりも、局所的な降水の方が、激しく降る傾向がある」と、指摘した。[50]言い換えると、大気中で何が起こっているか、ごく細部にわたるまでわかっていない限り、どれだけの雨が降るかを予測するのはきわめて難しい。

それでも、スマゴリンスキーと彼のチームは邁進《まいしん》し、グリッドごとの平均降雨量を推測するコードを開発した。過去を予測するという、今ではよく知られた手法で、雨量計のデータも比較に含めながら、大まかに正しい予測ができるかどうかをチェックした。

そして、それは上手くいった。スマゴリンスキーは、それが魔法ではないことを強調した。「細かい構造そのものではなく、細かい構造の統計的な特性を予測するのだ」と、彼は書いている。平均値はほぼ正しいが、降雨の正確なパターンには到達できない。

サブグリッドの記述がより正確でわかりやすいほど、シミュレーションは平均してより良いものになる。排水と蒸発、雪とそれが太陽から入ってくる熱を反射する割合、雪の融解、植生によるさまざまな影響、下の荒れた地形による風の抵抗などなど。これらすべてを元の流体力学方程式の補足として入れ込むことができる。[51] 今日、この種の方法の開発と改良は一大産業となっており、たくさんの企業が天気予報をどのように改善するかでしのぎを削っている。[52]

コスモロジストも同様の努力をしている。宇宙のシミュレーションは流体力学の法則にもとづいているが、欠けている細部は経験則によって補う必要があるのだ。広大な宇宙空間をシミュレーションする場合、星やブラックホールでさえも比較的小さいため、なんらかの近似的な方法で計算に含める必要がある。このような細部は、それ自身の重要性もさることながら、全体像を再現するためにも欠かせない。細部のないシミュレーションは、間違った結果をもたらすだろう。

もしコスモロジストの夢が、一握りの議論の余地のない物理法則から出発し、全宇宙の記述で終わるシミュレーションを構築することだとしたら、サブグリッドの必要性は、その夢を打ち砕く。サブグリッドは、空白を埋める創造的な飛躍である。それは確立された法則以上のものであり、勘による予測が含まれる場合もある。

そのことが、シミュレーションを科学的に怪しいものに思わせるかもしれない。サブグリッドの憶測にもかかわらず、コンピュータが確実に教えてくれることが何かを理解することは、シミュレーションの芸術の一部だといえる。それについては後の章でお話しするとしよう。

真鍋の大発見と気象のカオス

シミュレーションの精度には、さらに根本的な限界がある。一九五八年、日本の若手物理学者であった真《ま》鍋《なべ》淑郎《しゅくろう》が、スマゴリンスキーに誘われて米国気象局の研究所に入ったとき、地球の大気を一日か二日以上先までシミュレーションするという考えは、ほとんどの科学者にとって、とんでもないことに思われた。

百年後の天気を決めるのはさらに難解なことだったが、実力者ジョン・フォン・ノイマンがスマゴリンスキーにまさにその目標を追求させたのだ。フォン・ノイマンにとって、それは気象コントロール研究計画の自然な次のステップだった。フォン・ノイマンは、人間の介入は長期間にわたって継続された場合に最も威力を発揮することを理解していたため、地球全体を数年先までシミュレーションする必要があった。

一九五七年、スマゴリンスキーを任命した直後、フォン・ノイマンは腫瘍で亡くなった（享年五十三歳）。おそらく核兵器開発による放射線被曝が関係していたのだろう。しかし、スマゴリンスキーは依然として気候を理解したいと願っており、世界中から俊英たちを集めていた。
真鍋は遠い未来の予測を担当するのにふさわしい人物だった。「私は運転がとても下手なんです。何かを考え始めると、交通信号に注意を払わなくなるから」[53]。物腰が柔らかく、優しく自虐的な真鍋は、何年もこの問題に没頭し、一方でスマゴリンスキーは必要なコンピュータと人材を確保するために奔走した。

スマゴリンスキーは、説得力のある結果を得るのが難しいことはわかっていた。彼は「ブラジルの蝶の羽ばたきが、テキサスで竜巻を起こすだろうか?」*という疑問を呈して有名になったエドワード・ローレンツと仕事をしたことがあったのだ。

*これは一九七二年にアメリカ科学振興協会でおこなわれた彼の講演のタイトルである。ローレンツがそれ以前におこなった講演では、代わりにカモメが羽ばたいたが、もちろん要点は同じである。

簡単な気象シミュレーションで遊んだローレンツは、初期条件をほんのわずか変えただけで、一、二週間先の予測結果がまったく違ってくることを発見した。それを蝶の羽ばたきに喩《たと》えたのだ。

数時間先の天気を予測するのは、電信システムさえあれば比較的簡単だ。数日先であれば、正確な初期条件と高解像度、そして適切なサブグリッド規則があれば、高度なシミュレーションによって天気を予測することができる。しかし、二、三週間も経てば、考えうる測定やサブグリッド・モデルでさえまったく関知しないような小さな擾乱《じょうらん》が、ドミノ倒しのように影響の連鎖を生み出し、世界の天気を完全に変えてしまう。このように、当初は微小だった差異が飛躍的に増幅される現象を「カオス」と呼ぶ。

カオスは、詳細な天気予報が、二、三週間先をはるかに超えることはないことを決定づける。[54]しかし、気候は気象（つまり天気）とは違う。スマゴリンスキーは、カオスがあったとしても、長期的な気候の大まかな特徴をシミュレーションできることを本能的に感じ取っていた。

特定の日の特定の場所での特定の暴風雨や熱波はまったく予測できないかもしれないが、その規則的な傾向であれば、まだ判別できるかもしれない。後に、二〇二一年のノーベル物理学賞を真鍋と共同受賞したクラウス・ハッセルマンは、こうした平均的な変動が実際に予測可能であることを数学的に証明したのだった。[55]

今日の基準からすれば、真鍋とスマゴリンスキーの初期の気候シミュレーションは粗っぽいものだったが、入ってくる熱と出てゆく熱のバランス、降雨、蒸発といった、さまざまな影響の複雑なネットワークがどう作用しているかを、正しく浮き彫りにしていた。そのすべてが組み合わさって、長期的な未来を決定するのだ。

真鍋は、自分が「地球全体のバーチャルな実験室」を手に入れたことに気づいていた。大気のシミュレーションを一度だけおこなうのではなく、何度も根気よくシミュレーションし、その都度、気候の安定に重要だと思われるさまざまな要因を変化させた。その結果、大気中の二酸化炭素が二倍になると、地表温度が二度上昇し、気象パターンが危険なほど変化することが明らかになった。

二酸化炭素が気候の決定に重要な役割を果たす可能性は、百年前にユニス・フートによって初めて強調され[56]、フォン・ノイマンもよく知っていたが[57]、詳細なシミュレーションがおこなわれるまで、どれくらい本当なのか、わかっていなかった。

真鍋は、人類に迫り来る危機に注意を喚起することを期待していたわけではなく、当初は「好奇心から」気候研究にのめり込んでいった。しかし、「多くの大発見において、研究が始まった当初は、自分の貢献がどれほど重要なものであるかに気づくことはないと思う」と、真鍋は述懐している。

銀河の歴史は天空に記されている

真鍋は一九六〇年代後半に結論を出したが、その主張は、すぐには受け入れられなかった。他の人々による、あまり洗練されていない計算が曖昧な結果を出し続けていたからだ。一九七一年の学会では、ある科学者が「もっと多くの測定ともっと多くの理論がなければ、ほとんどの提言は受け入れられない」と、批判した。[58] 研究者間での意見の一致が見られなかったのだ。

シミュレーションによる地球温暖化の予測が広く受け入れられるようになったのは一九七〇年代後半になってからであり、その予測が現実世界の明確なデータによって検証されるようになったのは二〇〇〇年代に入ってからだ。

今日、気候変動の現実は明白であり、コンセンサスの問題は科学者ではなく議員にある。[59]「気候変動を理解することは簡単ではないが、現在の政治で起きていることに比べればずっとずっと簡単だ」と、真鍋はノーベル賞受賞後に語った。

気候シミュレーションにはもう一つの側面があり、それは、真鍋が最も興奮したものだった。気候シミュレーションは未来を予測するのではなく、過去を再現することができるのだ。未来を予測することと、過去を再現することとは、さほど違わない。

どちらも二酸化炭素やその他のガスの量を仮定し、地球がどのような天気になるかをシミュレーションするのだ。氷床コア、樹木の年輪、微化石から得られたデータを使えば、地球の平均気温が数度高かったり低かったりするなど、地球の状態が大きく異なっていた数千年、あるいは数百万年前の過去の地球大気組成と気温を復元することができる。

シミュレーションで仮想大気の組成を調整することで、真鍋らの研究チームは、このような古代の状況を再現し、気温の歴史的な変化が、それに伴う大気組成の変化として理解できることを示した。[60]過去の歴史を再現・検証することで、地球大気の例えようのない複雑さやカオスにもかかわらず、シミュレーションが意味のある答えを与えてくれることが確かめられた。[61]

このことから、コスモロジストがシミュレーションをどのように利用しているかがわかる。宇宙は厄介でカオスが支配する場所だ。私たちは、すべての細部がどのように進行したかを正確にシミュレーションする仕事をしているわけではない。天気を予測することがいかに難しいかを考えれば、宇宙全体をコンピュータに取り込もうと思ってもできないことなど明らかだろう。しかし、気候学者が過去の気象パターンを描写するのと同じように、私たちは宇宙の大まかな特徴を再現したいと考えている。

化石が地球の歴史を物語るように、望遠鏡が集める光は、宇宙で大昔に起きたことの記録だ。

光は一定速度で進むため、天文学者が遠くの銀河を見るとき、非常に異なる場所であった宇宙の過去を振り返っていることになる。宇宙論シミュレーションの目標は、その凍結された記録を可能な限り再現し、説明することなのだ。地球の歴史は地上に、銀河の歴史は天空に記されている。

地球と宇宙

地球、惑星、星、銀河系、宇宙全体。それが何であれ、シミュレーションのテンプレートはよく似ている。シミュレーションは、初期状態（今日の天気、太陽系を形成するために合体する物質の雲、ビッグバンの余波など）から時間を追って、出来事がどのように進展するかを予測する。基礎となるコンピューター・コードは、物質、力、エネルギーを記述する流体力学の方程式を解くために作られている。だが、サブグリッド・モデルも必要だ。サブグリッド・モデルとは、コンピュータが見逃してしまうような細部をすべて把握するための追加規則である。気象学者にとっては雨粒、雲、土壌など、コスモロジストにとっては星、超新星爆発、ブラックホールなど。

天気予報はこの三十年で著しく改善された。私の最も古い記憶の一つは、一九八七年十月にイギリスを襲った、記憶に残る最悪の暴風雨だ。私の家族は屋根の瓦が数枚飛ばされただけで済んだが、この暴風雨で一八人が亡くなった。上陸の数時間前、BBCの気象予報士マイケル・フィッシュは視聴者に向けて「非常に風が強い」程度であろうと発表し、この評価の誤りは、一生、彼の経歴にまとわりつくこととなった。

翌日のデイリー・メール紙の一面見出しは、「なぜ警告しなかったのか」と噛みついた。[62]「フィッシュ氏から二〇〇メートル離れたところに住む八十歳のグウェン・ハンソンさんは、二階の屋根が一〇メートルのニレの木に押しつぶされた」と、フィッシュ氏を非難していた。[63]より明確な警告があれば、人々は備えられたかもしれないことは認めるが、屋根が無傷で済んだ可能性は低いだろう。ハンソン自身は同紙にこう語っている。「私はフィッシュ氏個人を責めるつもりはない」。だが、「フィッシュ氏と彼の家族は、その日は外出していた」と、同紙は付け加えた。

一歩間違えれば、予測に不満を抱く人々を探すために、記者たちがあなたの町内に押し寄せかねない。誰が気象予報士になりたいなどと思うだろう？　コスモロジストは常に物事を間違えているが、デイリー・メール紙に責められることはほとんどない。そして、フィッシュがそれ以来数十年にわたって繰り返し指摘してきたように、嵐は見逃されたわけではなかった。大西洋上で発見されていたのだ。残念ながら、その進路は不完全にしかわかっておらず、予測は、フランスへと曲がると誤って判断した。

その主な理由は、進路を正確に追跡できるほど、たくさんの気象観測所が大西洋上になかったからである。誰もが、イギリスは最悪の事態を免れるだろうと予想していたのだ。

これは理解できる計算ミスであり、リチャードソン夫妻が最初に試みた予測が劇的に外れた時とは比べられないほど軽いミスであり、今ではこのようなミスは起きない。気象衛星や気象観測所の数が増え、洋上であっても、憶測で初期条件を決めることは、はるかに少なくなった。シミュレーションを実行するコンピュータはより高性能になり、解像度が増し、大気を通過する熱、風、水分の小規模な詳細を追跡するためのサブグリッド規則が改善された。また、カオスがどのように不確実な予測につながるかについて、気象学者の理解も進んだ。一九八〇年代には、気象予報士は一度に一つのシミュレーションしか利用できなかった。

今では、予報士は一日に何十ものシミュレーションに目を通し、さまざまな暴風雨がどのような経路をたどるかを調べ、可能性が低いと思われるシナリオでさえもカバーするようなニュアンスの案内や警告を一週間先まで出すようになった。[64]

しかし、ある時点で気象学は限界に達するだろう。それはおそらく、十日程度先まで見通せるようになったときだ。カオスは不確定な未来を詳細に予言することを許さない。なぜなら、地球のすべての蝶がどのように羽ばたくのかを知ることはできないからだ。

同様に、より広い宇宙に関して言えば、夜空を細部まで完璧に再現するシミュレーションをおこなうことは不可能だ。しかし、気候科学のパイオニアたちは、それでも一般的なパターンが予測できることを実証した。コスモロジストにとっては、それだけで充分に勇気づけられる。私たちの目標は、宇宙とその構成要素のおおまかな歴史を理解することであり、個々の天体や事象を説明することではない。

準備は整っている

宇宙のシミュレーションは、多くの点で地球の大気圏のシミュレーションと驚くほど似ているが、そのスケールは想像を絶するほど大きい。気象システムは数百キロメートルに及び、数時間から数日の周期で進化する。銀河に関連する距離と時間はその一兆倍もある。

スケール自体は大きな問題ではない。一枚の白紙を前にして、家、都市、国、地球、太陽系、天の川の地図を描くこともできる。しかし、それぞれから得られる詳細は限られている。天の川の全体像からは、あなたの家はおろか地球のことも何もわからない。同じように、コンピュータには、私たちの住む惑星の数日間の天気に集中するよう指示することもできるし、宇宙の歴史を通して何十億もの星々に注意を向けるよう指示することもできる。

しかし、もっと根本的な違いがある。地球の大気の成分は、窒素が七八パーセント、酸素が二一パーセントで、そのほか微量のガスが含まれている。[65] このような化合物はいずれも、宇宙にはそれほど多く存在しない。太陽系では、物質の大部分（約四分の三）は水素である。しかし、それ以上に広い宇宙では、さらに奇妙なことが起きる。宇宙の物質の大半は、人類にとって未知のものなのだ。

実際、私たちが実験室で検出したことのない物質こそが、宇宙論シミュレーションの出発点なのだ。光らず、反射せず、影も落とさない物質。硬い岩石を幽霊のように通り抜ける物質。天気予報とはかけ離れた話に聞こえるが、この章でご紹介したシミュレーション技術は、深宇宙にも応用できる。というわけで、自信を持って宇宙の彼方へと進むとしよう。

最初はどんなに奇妙に見えようとも、もう準備は整っている。

2章

ダークマター・ダークエネルギー・宇宙の網の目

ダークマターとダークエネルギー

二〇〇三年、物理学科の三年生になった私は、それまでの研究室を離れ、理論天体物理学を専攻することにした。それは天文学への新たな愛情からというよりも、二年生のときの物理学実験が退屈でたまらなかったからだ。今にして思えば、実験といえば、レーザーやレンズ、電子機器の小さな部品がごちゃごちゃと並んだものばかりだった。何人かはコツをつかんでいたようで、二、三時間であっさりと実験をやり終えていた。私は日が沈んでもまだ実験実習室に居残って、わけのわからない装置をあちこち、無意味に突《つつ》き回していた。

専攻を変えて、私は実験のない天文学科に逃げ込んだのだ。なにしろ、宇宙全体を実験でいじくり回せ、などというのは無理な話だから。しかし、数週間も経たないうちに、私の少人数のクラスは、このような現実逃避が危険ではないかと考えるようになった。なにしろ、ほとんどの教授陣が、宇宙の九五パーセントはダークマターとダークエネルギーという二つの隠れた物質からできていると考えていたからだ。

この二つは、私たちの宇宙における重力の働き方を変える。ダークマターは銀河に重さを与え、銀河の回転の仕方を変え、ダークエネルギーは宇宙全体を押し広げる。どちらの場合も、

「ダーク＝暗黒」という言葉は、「光を遮って影を落とす」という意味に誤解される恐れがあり、あまりいいネーミングではない。実際には、ダークマターもダークエネルギーも「透明」だと考えられている。空気よりもさらに捉えどころがなく、光ったり、反射したり、影を作ったり、光に直接的な影響を与えることはない。

　少なくとも、空気は閉じ込めやすく、研究しやすい。子どものころ、私はお風呂のおもちゃを入れる大きなプラスチック製の箱を持っていた。裏返して空気で満たし、徐々に泡を逃がすのが好きだった。気泡が水面に向かって上昇するのを別の容器を逆さまにしてキャッチすることもできた。それはまるで、ひっくり返った並行現実《パラレルリアリティ》を注ぎ込む方法を学んでいるかのようだった。世の中には楽しい実験もあるのだ。

　ダークマターやダークエネルギーでは、そのようなことはできない。ダークマターやダークエネルギーの存在を明らかにした実験はまだないし、ダークマターやダークエネルギーはどんな容器にも収納できないようだ。この二つが織りなす奇妙な世界を探るために、実験装置を作ることは可能かもしれないが、物理学者はその方法について漠然としたアイデアしか持っていなかった。そして二〇〇三年、私のクラスのみんなは、物理学から天文学への転向が果たして良いアイデアだったのかどうか、思案し始めた。目に見えず、触れることのできない二つの物質が、私たちが理解できないことをすべて解決してくれる。正直、そんな話は都合が良すぎるように思われた。

ラドヤード・キプリングの『Just So Stories（邦題：なぜなぜ物語）』では、現実世界の奇妙な事実に、馬鹿げた理由が与えられている。

たとえば、クジラがオキアミしか食べられないのは、クジラに食べられそうになって腹を立てた船員が、クジラの口の中に「すりおろし」を押し込んだから。ラクダにこぶがあるのは、ラクダの怠け癖に悩んだ精霊からの神秘的な報復さ。サイの皮がぶかぶかしているのは、サイにケーキを盗まれた料理人がパン屑《くず》を詰め込んだから。

そして、銀河が驚くほど速く回転するのは、目に見えないダークマターがぎっしり詰まっているからだ（最後の話はキプリングが書いたわけではないが、いかにも彼が書きそうなことだ）。

科学的に重大な提案

おとぎ話は額面どおりに受け取るべきではない。対照的に、科学理論は、完全に文字どおりのものではないにせよ、少なくとも現実に密着した何かを語ることになっている。クリエイティブな発想は許されるが、魔法で片付ける以上の、ある種の説明力を持たなければならない。

理想的なのは、理論が「賭け」をすることだ。その理論がもたらす、検証可能な結果を示せばいいのである。

ダークマターとダークエネルギーは、この意味で実に重大な科学的な提案だ。ダークマターとダークエネルギーが説明する、さまざまな宇宙現象を見ることで、その威力を理解することができる。その多くは関連する天体観測がおこなわれる前に予測されていた。一九八〇年代から九〇年代にかけて、中心的な役割を果たしていたのはシミュレーションだった。

一方、コンピューター制御による天体観測が、宇宙の中身を系統的にカタログにし始めた。目に見えないダークマターとダークエネルギーをシミュレーションにうまく取り入れ、宇宙をうまく描き出しているので、シミュレーションと観測の一致は、息をのむほど素晴らしいものだ。でも、講義でそう教えられても、実際の研究を見ないことには説得力に欠ける。

二〇二〇年代になって、二十世紀後半に作られたこの理論が、現代的なシミュレーションと組み合わされ、毎年新しい観測結果を説明し続けていることに驚かされる。ダークマターとダークエネルギーの理論は、「まあ、こんなもんだろう」という域をはるかに超えて精密だ。

これからの章では、ダークマターとダークエネルギーに関する証拠の蓄積をご紹介する。シミュレーションの助けを借りて、まったく異なって見える現象を一貫性のある説明でくることができる。銀河の大きさや形、銀河が回転し、移動し、時間とともに変化する様子、宇宙の膨張率の変化、私たちの宇宙の始まりの瞬間に関する既知の事実、今日のすべての構造が、あらゆるものを取り込んだ、巨大な網の目のように組織化されている様子などだ。既成概念を打ち破ることと引き換えに、多くのことが説明できる。

しかし、実験室でダークマターを発見しようとする血の滲《にじ》むような努力が続けられているにもかかわらず、もどかしいことに、証拠はすべて間接的なものでしかない。

ダークマターが私たちの周りの身近な物質と同じくらい本物である、という確証を得るには、まだまだ長い時間がかかりそうだ。天文学者が一種の集団的狂気に陥っていないことを確信するには、少し歴史的な視点を持つとよいのかもしれない。

海王星発見の物語

ダークマターのような前例は、一八四六年の海王星の発見にまで遡《さかのぼ》ることができる。あまりにも遠すぎて肉眼で見ることができなかった海王星は、古い太陽系モデルには登場しなかった。望遠鏡が発明された後でも、海王星は観測でも見落とされたり、誤って認識されたりしていた。しかし十九世紀半ば、何人かの天文学者が別の惑星があるのではないかと疑い始めた。

その証拠は、天王星が空を通過する経路にもとづいていた。惑星は太陽の巨大な重力に引っ張られながら公転しているが、その軌道は他の惑星の存在によって微妙に影響を受ける。ここ地球では、最も大きな惑星（木星と土星）の影響によって、軌道が数万年単位で変化し、氷河期が定期的に発生している。[1]

正確な天文学的測定によって、他のすべての惑星の影響を考慮したとしても、天王星が本来の軌道からズレてさまよっていることが、十九世紀に明らかになった。十九世紀の最初の二十年間、天王星はあまりにも速く空を横切っていたが、一八二二年までには遅くなっていた。

ユルバン・ルヴェリエとジョン・クーチ・アダムズという二人の科学者は、別々に、唯一の合理的な説明にたどりついた。それは、巨大だが発見されていない惑星が、目に見えない重力の糸で、天王星を前や後ろに引っ張っているという推測だ。二人とも、天の川を遮る惑星の位置まで計算した。あとは、高性能な望遠鏡を使って実際に見つけるだけのはずだった。

若い学生だったアダムズは、内気で無力であったため、本格的な捜索をおこなうよう、ケンブリッジ天文台を説得することができなかった。「夜空にまだ見ぬ惑星がある」という推論には、非常に複雑な計算が必要だったが、アダムズはあまりうまく他人に説明ができなかった。

天文台の所長から送られてきた手紙の質問には何も答えず、その結果、誰も貴重な観測時間を捜索に割くことに賛成しなかった。その後、ルヴェリエも同じ考えを持っていることがわかると、おざなりな調査がおこなわれたが、発見には至らなかった。

ルヴェリエは強引なところもあったが、パリ天文台の同僚たちを説得することもできなかった。癇癪《かんしゃく》持ちで自己中心的な人物であったルヴェリエは、自分の推論に困難が生じると、昼夜を問わずヴァイオリンを弾きまくって気を紛らわせていた。[2] 彼の力強さは、後にフィッツロイのイギリスでの取り組みと並行して、フランスの天気予報サービスの立ち上げに貢献することになる。

しかしその後、彼は気象学者たちと仲違《なかたが》いして彼らを全員クビにした。[3] 彼の友人らしき人物はこう語った。「天文台は彼なしでは成り立たないが、彼がいるとさらに厄介なことになる」。[4]

ルヴェリエとアダムズの海王星の予言は、ケンブリッジでもパリでもなく、一八四六年九月二十四日、ベルリンの天文学者たちによって確認された。彼らは、ルヴェリエから、望遠鏡をどこに向けるべきかについて、悲痛な訴えの手紙を受け取っていたのだ。

ある意味、海王星発見の物語は、ダークマターの原型であり、見たことのないものでありながら、天の残りの部分に影響を与えていた。正しい望遠鏡を正しい方向に向けると、海王星は他の惑星と同じように実在することがすぐさま判明した。

藁にもすがるような解決策

不都合なギャップを埋める発明は、ミクロなスケールの物理学の歴史にも登場する。一九三〇年、史上最も影響力のある物理学者の一人に数えられるヴォルフガング・パウリは、直接的な実験的証拠のかけらもないまま、まったく新しいタイプの粒子であるニュートリノを作り出した。

実のところ、パウリは実験室には向いていなかった。パウリは不器用で、同僚たちはパウリが部屋にいるだけで実験装置がわけもわからず壊れてしまうと文句を言っていた。[5] 彼は実験器具のない研究室で、さまざまな実験についての論文を読み、体を前後に揺すって考え込みながら、二十世紀の物理学の基礎と格闘した。[6]

パウリは、エネルギーは常に保存されるという伝統的な考え方に反して、放射性崩壊の際に、エネルギーが不可解に消失することを示す実験を憂慮していた。パウリは同僚に「藁《わら》にもすがるような解決策を思いついた」と書き送った。[7] それは、これまでの実験で、なぜか検出器から逃れてきた、新しい「エネルギー泥棒」の素粒子を想像することだった。

ニュートリノとして知られるようになったこの泥棒は、一九五六年に精巧で感度の高い実験によってついに発見された。パウリの発案から実に二十六年の歳月が経っていた。しかし、ヒッグス粒子（一九六四年に初めて理論化された、当時は推測の域を出ない発明）が大型ハドロン衝突型加速器を使った物理学者チームによって発見されたのは、着想から四十八年後の二〇一二年のことだった。科学者にとって、忍耐は、必要な美徳らしい。

物理学と天文学は、実験、観察、計算、そして純粋な発明の相互作用によって進歩する。仮に海王星、ニュートリノ、ヒッグス粒子を思いついたとしても、それらがもたらす影響を注意深く計算し、その影響を探索する実験や観測をおこなわなければ意味がない。（どちらも謎の多い物質だが）ダークマターとダークエネルギーの理解も、このような段階を経て進んできた。

ある女性研究者の気づき

ダークマターの物語は、宇宙全体が絶えず動いていることを受け入れることから始まる。この問題は天文学者ヴェラ・ルービンを虜《とりこ》にした。彼女の一九五〇年の修士論文は、「宇宙全体が回転しているという証拠はあるのか？」という大胆な質問を投げかけた。答えは「回転していないように見える」だった。個々の天体は回転しているが、彼女の観測からは、宇宙全体が回転している証拠は得られなかった。彼女の質問に意味があるのかどうかさえ議論された。
当時のコスモロジストたちは、そのような大規模な宇宙の回転が原理的に可能だとは考えていなかったからだ。彼らは最初から、宇宙が回転などするはずがないと決めつけていた。そのため、ルービンの観測研究を掲載することに同意する学術誌はなかった。[8]
その後、ルービンは保守的な意見に立ち向かった。彼女は最先端のパロマー天文台での観測を懇願した。だが、パロマー天文台は事実上、女性による観測を禁止していた。
女人禁制は、表向きは女性用トイレがないなどの理由だったため、ルービンはスカートをはいた人間の絵を描き、男性用トイレのドアに貼り付けることで問題を解決した。[9] しかし、回転する宇宙の研究をしていた当時、彼女はまだ学生で、それ以上の無理は諦めざるをえなかった。「激しい論争で楽しみが台無しにされてしまいました。みんな本当に辛辣《しんらつ》だった……立ち去って、まったく違うことをやり始めるしかありませんでした」と、彼女は当時の状況を振り返っている。[10]
ルービンは回転に興味を持ち続けたが、個々の銀河がどのように回転するかを研究することに決めた。見慣れた星々でさえ、決まった星座に鎮座しているように見えるが、実際には驚異的な速度で動いている。太陽と共に天の川銀河に属する星々は、毎秒数百キロメートルの速度で回転しているのだ。

この動きを検出することは容易ではない。ものすごい速度にもかかわらず、距離も膨大だからだ。その結果、星はほとんど動いて見えない。銀河全体の回転を検出するには、天文学者はドップラー偏移を利用する必要がある。

ドップラー偏移は、緊急車両のサイレンの音の高さが通過するにつれて変化する理由を説明する例で有名だが、星の色が、私たちに近づいたり遠ざかったりするときにどのように変化するかを説明してくれる。適切な技術さえあれば、銀河からの光の色を周波数ごとのスペクトルと呼ばれるものに分解して測定し、星の全体的な動きを推測することができる。

銀河の材料

このように、銀河が回転しているという事実は、今世紀の初めから知られていた。もっと小さなスケールで、惑星が太陽の周りを回っているのと同じだ。しかし、惑星の運動速度は、中心から離れるにつれて確実に低下する。地球は秒速三〇キロメートルだが、遠く離れた冥王星の平均速度はわずか秒速五キロメートルなのだ。これは重力の自然な結果だ。距離が離れると力は弱くなり、軌道を回る天体の動きはそれに応じて遅くなる。

距離による傾向は、銀河内の運動にも当てはまるはずだ。典型的な銀河の星のほとんどは、中心部に近いところにある。銀河の端っこにある星は、冥王星のように、重力をほとんど感じず、ゆっくりと運動するはずだ。しかし、一九六〇年代から七〇年代にかけて、ルービンは複数の銀河を研究し、それぞれの銀河のスペクトルを測定して、遠くにある星の速度を測定した。その結果、星たちは高速で移動していることが明らかになった。実際、そのような星は非常に速く動くので、カーブに差し掛かった車が速すぎて道路から飛び出すように、とっくの昔に銀河の端から彼方へとすっ飛ばされているはずだ。

何かがこの急速な回転を引き起こし、なおかつ、銀河がバラバラにならないようにつなぎ止めているに違いない。天王星の謎めいた運動と同じように、目に見えない物質からの重力（引力）が最良の解決策だ。

しかし、その質量は一つの新しい惑星に集中しているのではなく、銀河系全体、特に外縁部にまで広がっている必要がある。この余分な物質は「ダークマター」として知られるようになったが、銀河系の軌道上に星をつなぎ止めるのに充分な重力を及ぼすには、通常の物質の五倍も存在しなければならない。

ルービンは一九七〇年代の、ダークマターの証拠の立役者であり、天文学界が、この問題を真剣に受け止めるよう説得することに成功した。実は、二十世紀の初めには、行方不明の物質の暫定的な兆候を発見し、それが直接見えにくい理由を突き止めようとした人々が何人かいた。

一九〇四年、有名な物理学者であるケルヴィン卿は「多くの星、おそらくほとんどの星は暗黒天体かもしれない」と示唆した。[11] 一九三〇年、スウェーデンの天文学者クヌート・ルンドマルクは、「死んだ星、暗雲、流星、彗星《すいせい》など」が、銀河の質量を著しく増加させる可能性があると推測した。[12] 一九三〇年代、スイスの天文学者フリッツ・ツヴィッキーは、彼が発見した「暗黒星団」の初期の証拠について語った。[13]

現代の視点から見ると、これらの考えはどれも正しいとは言えない。ダークマターがどこにでも存在することから、ほとんどのコスモロジストは、ダークマターの正体は素粒子に違いないと確信している。ダークマターは、身近な物質世界を構成する陽子、中性子、電子に少し似ているが、パウリのニュートリノと同じように、なんらかの理由で直接検出するのがとても難しいのだろう。

地球上では、自然がどのような種類の追加粒子を提供してくれるかを発見するために、膨大な種類の実験が進行中だが、今のところダークマターの正体は判明していない。今日の大学生たちも二〇〇三年当時の私たちと同じようにダークマターの存在に懐疑的だが、無理もないことだと思う。

ルービン自身も進歩のなさを懸念していた。直接的な観測結果が得られないまま時間が経つにつれ、「その説明は現在私たちが想像している以上に複雑なのではないかと思う」と、彼女は亡くなる数年前の二〇一六年に書いている。[14]

最も楽観的なコスモロジストでさえ、問題が銀河の予期せぬ回転だけならば、まったく新しい素粒子を仮定する必要などないと認めるだろう。一方、一九七〇年代には宇宙論的なコンピュータ・シミュレーションが登場した。

そのおかげで、一九八〇年代には、ダークマターの証拠は、個々の銀河のスケールから宇宙全体のサイズにまで拡大された。このようなシミュレーションを理解することで、ダークマターという概念の真の力を感じ取ることができる。

ダークマターの特徴

シミュレーションの背後にある考え方は、「科学的な予測をおこなうために物理法則を利用する」というものだ。ここまで、地球の天気と気候の場合に、シミュレーションがどのように機能するかを概説してきた。宇宙論のシミュレーションでは、大気中の空気や水分の循環を予測するのではなく、星やその他の物質が銀河系や宇宙の中でどのように移動するかを考える。

しかし、ダークマターが何なのかさえわかっていないのに、ダークマターのふるまいを予測しろと、コンピュータに要求することは可能なのだろうか？

出発点として、どのような物理法則をコンピュータに与えることができるのだろうか？

その答えはダークマターの特徴にある。それは重力によって存在を示す余分な物質なのだ。幸運なことに、私たちが知る限り、重力は他の力と違って、すべての物質に正確に同じ影響を与える。たとえば、冷蔵庫の磁石は特定の金属の表面にしかくっつかないが、重力は選り好みせず、チャンスがあればあらゆるものを床に叩きつける。

ダークマターが何であれ、他の物質と同じように重力を及ぼし、重力に反応するはずなのだ。人生をさらに楽にするために、ニュートリノと同様、ダークマターも他の力にはほとんど影響されない、と仮定するのが妥当だ。

これが、電磁気学によって原子や分子に合体する、通常の物質とは異なるふるまいをする唯一の理由だ。もしニュートリノやダークマターが重力以外の力の影響を強く受けるとしたら、それらは私たちの周りにある見慣れた固体の世界の一部になってしまうだろう。

重力は普遍的な力であるため、その影響は、対象となる物質の種類にあまり注意を払うことなくシミュレーションできる。重力が銀河に大きな影響を与えるという、最初のシミュレーションは、ダークマターという考えが真剣に取り上げられるずっと以前、第二次世界大戦中にエリック・ホルンベルクによっておこなわれた。[15]

リチャードソン夫妻の天気予報を彷彿《ほうふつ》とさせるこのシミュレーションでは、コンピュータは使われていない。しかし、純粋な鉛筆と紙によるものでもなかった。ホルンベルクはテクノロジーを愛していた。ホルンベルクは他の天文学者よりもはるかに進んだ問題に取り組むため、複雑で独創的な装置を一貫して使用し、自らも製作した。

特に、光度計として知られる、感度のよい電子的な光計測装置は、銀河の写真をスキャンし、さらなる研究のための正確な数値データに変えることができた。彼は、銀河の画像を分析するために、機械と専門の天文学者とを競わせる、一連の精巧なテストをおこなった後、「人間の目に対して、光度計の大いなる優位性がはっきりと示された」と、結論づけている。[16]

独創的で革命的な研究

ホルンベルクのシミュレーションは、光度計を計測の道具から計算と予測の道具に再利用できると気づいた瞬間に生まれた。光度計は発明されたばかりで、[17]木製のスタンドに数センチメートル四方の銅が取り付けられていて、見た目はさほど大きくない。

しかし、その銅の内部には半導体の層が隠されていた。この半導体は、やがてトランジスタやコンピューター革命を起こすことになる。この装置は、光から電流を発生させ、光の強さを電気メーターの針で読み取ることができる。

このような技術が、宇宙における重力の役割をシミュレーションするのに役立つなどとは、とうてい思えないが、ホルンベルクは、光と重力が限られた意味で交換可能であることに気づいた。どのような質量の重力も、遠ざかれば遠ざかるほど減少する。

数学的に同じように、どのような光源からの光も、遠ざかれば遠ざかるほど強度が減少する（訳注：重力も光の強さも共に距離の二乗に反比例して弱くなり、数学的に同等のため、重力の代わりに光を使ってシミュレーションをおこなうことが可能になる）。

一九四一年、ホルンベルクは暗い実験室に数週間こもって、二つの銀河の数メートル大の模型を作った。電球が星の役割を果たすのだ。ホルンベルクは光の強さの変化を測定して、それに相当する重力を計算した。

実際の銀河にある何十億もの星を再現することはできなかったが、彼は七四個の電球を使って、ある重大な疑問に対する答えを導き出すことに成功した。重力が（それぞれ三七個の電球からできている）二つの銀河を引き寄せて、一つに統合できるのだろうか？　彼の研究は独創的で、革命的で、そして、三十年のあいだ、ほとんど忘れ去られていた。彼のアイデアに時代が追いついていなかったのだ。

実験は、天気予報のシミュレーションが、時間を追って進むのと同じように、段階を追って進められた。それぞれの電球には実験開始位置があり、ホルンベルクは、各電球の速度と方向の表も作成した。これは、実験装置内での文字どおりの速度を意味するものではなかった。電球には、自ら動く手段がなかったからだ。むしろ、この表は、彼が再現しようとしていた銀河間のシナリオ、つまり二つの銀河が互いに急接近している状態での動きを記録したものだったのだ。

キックとドリフト

この運動の影響を模倣するために、彼はまず、それぞれの電球を、百万年後に移動する距離だけ（ただし、模型の大きさに縮小して）、決められた方向に沿って手動で移動させた。これは「ドリフト・ステップ」として知られ、今でもシミュレーションの重要な要素である。シミュレーションの星やその他の構成要素は、一定の速度で一定の方向にドリフトするのだ。

重力は星の運動を徐々に変化させるので、これは物語の半分に過ぎない。ドリフトのステップの後、ホルンベルクは運動表の再計算に取り掛かった。各電球の位置で光の強さを測定すれば、他の電球からの重力の強さが計算できるのだ。こうやって彼は数値を更新することができた。これは「キック・ステップ」と呼ばれるもので、重力によって星が新しい軌道に移るという考え方だ。ドリフト・キック、ドリフト・キック、ドリフト・キック、このサイクルをくり返すたびに、シミュレーションの時間は百万年ずつ進む。

実際の銀河では、キックとドリフトに分かれることはない。そうではなく、力が徐々に軌道を変えてゆき、星は曲線を描くのだ。人工的にキックとドリフトに分けると、曲線ではなく、まっすぐな線がいくつもつながったものになるが、ステップの大きさが充分に小さければ、近似は優れている。同じ考え方が気象シミュレーションの根底にあり、大気が徐々になめらかに変化する様子は、コンピュータの中では時間経過に伴うカクカクとした変化で近似される（訳注：イメージとしては、円運動を内接もしくは外接する多角形で近似するのに似ている。多角形の辺がドリフトで、角がキックに相当する）。

これは骨の折れる作業だ。計測をおこない、表を更新し、七四個の電球を手作業で正確に配置し、それを何度も何度もくり返すのだ。なぜホルンベルクはこのようなことをしたのか？設計と施工の段階はさておき、シミュレーションを実行するのは非常に骨の折れる作業だったに違いない。たぶんこれは、あまり目立たない、仕事そのものの魅力なのだ。ホルンベルクは、天文学者仲間のハーバート・ルッドに宛てた手紙に、「自分ですべてを処理できるとわかったとき、大きな満足感を得ることができた」と、書いている。

他の方法では得られない結論に達する仕事こそ、やりがいがある。彼の装置がなければ、一つの星が他の七三個の星に引っ張られる重力を計算するには、七三回に分けた、詳細な計算が必要だったはずだ。すべての星が他の星に引っ張られる量を計算するには、数千もの計算が必要となる。

それを何十もの時間ステップに渡り、一つひとつ、手ごわい計算を繰り返さなければならないのだ。一生かかっても計算しきれない作業量だ。電球のシミュレーションは、たしかに骨の折れる仕事ではあったが、ホルンベルクは、他の誰にもできなかった答えを手にすることができた。

シミュレーションが終わるころには、二つの銀河が単に通り過ぎてゆくのではなく、密着して一つに融合する過程にあることを示すのに充分なデータがそろっていた。それ以上実験を続ける余裕はなかったが、彼は、衝突している銀河に渦巻きが現れていることに気づいた。これは銀河の最も顕著な特徴であり、光の強度がなだらかに増加し、まるで銀河のコーヒーの中にあるミルクの蔓《つる》のように見える（訳注：コーヒーにミルクを入れてスプーンで円を描いて混ぜたときのような渦巻きの模様)。

最近では、観測とシミュレーションの両方から、銀河が実際に合体し、渦巻き構造を作り出すという膨大な証拠が得られている。ホルンベルクの結論は、現代の私たちの理解を先取りしていた。

しかし、ホルンベルクの方法は、その結果だけでなく、銀河やダークマターのシミュレーションに対する現代のアプローチをも予見させるものだった。

ダークマターの登場

ホルンベルクの実験から得られる教訓はいくつかある。

第一に、天気予報と同じように、シミュレーションを始めるのにデジタル・コンピュータは必ずしも必要ない。同様に重要なのは、何を使ってシミュレーションするかについて、あまり狭く考える必要もないということだ。電球を星に置き換えることは自然に見えるが、それは、真っ暗な実験室の中で星座がきらめく様子を思い浮かべることができるからでしかない。

目を細めた観察者には電球が星のように見えたかもしれないが、七四個という数は、銀河系に存在する典型的な星の数にはとうてい及ばない。各電球は、実際には数十億個の星に相当する。このトリックは政治的な世論調査に少し似ている。

選挙で誰が勝つかを知りたければ、一人ひとりがどう投票するかを調べる必要はない。注意深くやれば、有権者のごく一部に質問するだけで良い結果を得ることができる。そして、七四個の電球は、何千億もの星の重力効果を表すことができる。

現実を文字どおりの模倣から切り離す。これは、気象シミュレーションが大気中のすべての分子を追跡するのではなく、巨大な空気の塊の挙動を追跡するのと同じだ。ホルンベルクの抽象化はさらに推し進めることができる。

このアナロジーは、銀河の質量が星からできているのか、それとも他の何かからできているのかには依存しない。「重力が最も大切な力だ」という唯一の前提で、物質が宇宙をどのように流れるかを捉えているのだ。圧力と風が最も重要な要素である大気シミュレーションでは、重力だけに注目するのはナンセンスだが。

ダークマターが登場するのはここからだ。ダークマターが目に見える物質の少なくとも五倍は存在する、という観測的証拠が積み重なるにつれ、ホルンベルクの方法を本質的にダークマターのシミュレーションとして捉え直すことが自然になった。ダークマターが現実には光を発しない、という事実は何の関係もない。重力を表すものとして電球の光を選択することもできるのだから。

一九七〇年代にダークマターのアイデアが真剣に取り上げられるようになる頃には、デジタル・コンピュータがバトンを受け継ぐのに充分なほど強力になっていたため、電球による光のトリック自体はもはや必要ではなくなっていた。

ダークマターの重力は、はたして宇宙全体を「彫刻」しているのだろうか？[18]ホルンベルクの結果を受け、コスモロジストたちは、自信を持って、検証シミュレーションを進めることができた。そのシミュレーションを構成していたのは、実験室内の電球ではなく、デジタル・コンピュータ内の数字だ。

ダークマター粒子とは

そして、その数字は、星だけでなくダークマターの代わりでもあった。また、重力の影響は、光のアナロジーを使用するのではなく、コンピュータの生の演算速度を通じて計算される。しかし、基本的なキックとドリフトの手法は、今日まで変わっていない。天体物理学者は、ホルンベルクがおこなったように、シミュレーションで予測された物質の分布と、実際の宇宙で観測された分布とを比較する。

ここで少し用語を整理しておこう。今日のデジタルシミュレーションの内部では、ホルンベルクの電球に相当するような、動き回るダークマターの塊がたくさん存在する。一九七〇年代には、これらを「ダークマター粒子」と呼ぶのが一般的になり、この呼び名が定着した。

しかし、この呼び名は混乱を招く恐れがある。物理学者の多くにとって、「ダークマター粒子」はまったく別のものを意味する。ニュートリノやヒッグス粒子と同じように、適切な感度を持つ実験によって、いつか発見したいと願っている、物理的に実在する粒子を意味するのだ。

逆に、シミュレーション内の粒子は、ある物質の代役であり、電球が本物の星でないのと同様、本物の粒子そのものではない。そこで私は、シミュレーション内のダークマターの塊に対して、より曖昧さの少ない用語を提案する。シミュレーション粒子を略した「スマーティクル」はどうだろう?

一九七〇年代半ばまでには、七〇〇〇個のスマーティクルを使って、銀河のふるまいを研究することが可能になったが、そのためには数十段階のキック・ドリフトごとに、約二五万回の重力計算が必要だった。コンピュータはこのようなシミュレーションを一時間足らずで実行してしまった。[19]

それ以来、最高性能のコンピュータは、数億倍という驚異的な性能を持つようになった。技術が進歩すれば、それを上回る野心が生まれるのは自然だ。現在までにおこなわれた最大規模のシミュレーションでは、なんと、数兆個のスマーティクルが使われている。

これは、「やーい、こっちのスマーティクルのほうが多いぞー」という、子どもじみた張り合いの側面もあるが、実際の科学的な必要性によって突き動かされてもいる。より細かいグリッドを使った天気予報士のように、スマーティクルを増やせば増やすほど、銀河のふるまいをより詳細に探究できるようになるのだ。

詳細な情報を追加することだけが、成長するコンピュータの能力を利用する唯一の方法ではない。芸術家は、詳細な肖像画を描くか、巨大な風景画を描くかを選択できる。同じように、天体物理学者は、スマーティクルを使って、数個だけの銀河を精密に表現することもできるし、もっと大きなキャンバスを選んで、可視宇宙に存在する数千億の銀河を描き始めることもできる。

何兆個ものスマーティクルを使って、ダークマター（そして他のあらゆるもの）が宇宙全体にどのように広がっているかを理解するまで、視野を着実に広げてゆくことができる。

宇宙の網の目

宇宙は約百四十億年前に誕生し、ほとんど大きさゼロから膨張し続けていることは、二十世紀の中頃からわかっていた。しかし、膨張によって銀河がランダムに散らばってゆくわけではない。一九八〇年代に高性能な望遠鏡で観測した結果、巨大なクモの巣のような、ほぼ空っぽの超空洞（ボイド）を挟んだ、広大な「宇宙の網の目」に沿って、銀河が結びついていることが判明した。[20]

網（フィラメント）には何十、何百もの銀河が結びついている。各銀河はフィラメント自体の約一万分の一の大きさなので、このスケールでは一つの明るい点にしか見えない。だが、その点には数千億個の星が詰まっており、その一つひとつに複数の惑星があるかもしれない。とにかく、この構造は、気が遠くなるほど巨大なクモの巣の上で輝く、露のような、光の斑点を通して追うことができる。

この奇妙な宇宙の網の目構造を明らかにした、初期のプロジェクトの一つは、天文学者マーク・デイヴィスによって率いられた。テクノロジーに慣れ親しんだデイヴィスは、ソフトウェア会社で働いて、大学の学資を稼いでいた。彼は宇宙の銀河の位置をマッピングする自動デジタル化システムを構築した。
数十年前のホルンベルクと同じように、デイヴィスは、既存の銀河のカタログが行き当たりばったりで組み立てられていることに気づき、コンピュータの助けを借りて、空をスキャンするプロセスを自動化することに決めたのだ。望遠鏡のドームの中は、「あちこちにワイヤーが走っていて……世界一きれいな仕事はできなかったけれど、なんとか、うまくいったよ」と、彼は述懐している。[21]
しかし、その結果は大きな謎だった。
なぜ、どのようにして、銀河が網の上に並んだのか？
デイヴィスは、シミュレーションでこの問題を調べるために、三人の若い研究者を集めた。まずは、新星のサイモン・ホワイトと彼の博士課程の学生のカルロス・フレンク。彼らはちょうど、私たちの銀河系にダークマターが存在することを主張する論文を書いたばかりだった。定年を目前に控えた今、フレンクは宇宙論に対する、少年のような抑えがたい熱意を持ち続けている。「信じられませんが、どういうわけか宇宙で最高の仕事をすることになったのです」と、彼は二〇二二年の講演で語った。[22]
チームの三人目のメンバーは、当時ダラム大学で学位論文を書き終えようとしていたジョージ・エフスタシューだ。彼は、チームに必要な規模と高度なレベルでシミュレーションを実行できる、世界で唯一のコンピューター・コードの達人だった。エフスタシューは、私が二〇〇五年に自分の論文の執筆を始めるために、ケンブリッジ大学天文学研究所に着任したときの責任者であり、私にとっては少々恐ろしい権威だった。

しかし一九八〇年代、エフスタシューは派手なバイクを乗り回し、革ジャンを着ていた。若い暴走族たちは、中国共産党の急進派になぞらえて「四人組」として業界に広く知られるようになった。[23]

エフスタシューのコードがそれまでのコードよりも優れている点を一つ挙げるために、こんなことを考えてみよう。私たちが知る限り、「宇宙には端がない」ように見える。コスモロジストが「宇宙は膨張している」と言うとき、物質の泡が何もない深淵へと膨張している、という意味ではない。

奇跡の箱に宇宙を入れる

そうではなく、私たちの望遠鏡が観測している宇宙空間全体が、すでに銀河による宇宙の網の目で満たされており、しかもすべての銀河が互いに他の銀河からじわじわと後退しているのだ。これは頭の中で非常にイメージしにくく、またシミュレーションの現実的な難問でもある。はたして有限のコンピュータで無限の宇宙を表現できるのだろうか？

その解決策は、数学的なトリックを使って、小さなシミュレーション宇宙を無限に見せることだ。わかりやすいアナロジーは、古典的なアーケードゲームの「アステロイズ」だろう。

このゲームでは、二次元の宇宙船を操縦して、コンピューター画面のサイズの宇宙を周回し、衝突する前に宇宙岩石を撃ち落とす。岩や自分の宇宙船が画面の右端を飛び越えると、左端から現れる。同様に、上に飛び移ると下にテレポートする。これは見事に、端がないにもかかわらず有限なゲーム世界になっており、計算がしやすい（訳注：このように上下と左右を同一視して、有限の計算範囲で無限を表現することを円環《えんかん》型もしくはドーナツ型の境界条件と呼ぶ）。エフスタシューのコードは、このアイデアを実装し、空間をシミュレーションする煩雑さを手なずけ、壁のない奇跡の箱の中に宇宙を入れてしまった。

四人組は、この「箱の中の宇宙」と、標準的なシミュレーションの時間ごとのキックとドリフトの方法を組み合わせ、巨大な重力の影響力を持つダークマターが、何十億年という時間をかけて、徐々に物質の網を構築していく様子を示した。

ダークマターが余分に存在するところでは、重力の引力がより多くのものを引き寄せる。逆に、ダークマターが少ないところでは、重力が弱く、物質が集まりにくくなる。その結果、暴走現象が起きる。高密度の物質が集まった小さな塊は、急速に周囲のあらゆるものを吸い寄せ始め、やがて、銀河のような巨大構造を作り出す。

このような銀河が互いを引き寄せ始めると、ホルンベルクが示したように、中には衝突して合体するものも出てくる。他の銀河は合体するほど近くにはなく、（前出の）デイヴィスの宇宙のカタログによく似た、銀河の網の目のように並んでいる。

気候科学者と同じように、コスモロジストもシミュレーションの仮定を微調整することで、これらの異なる構造がどのように反応し、それが現実と一致するかどうかを見ることができる。

一九八〇年代には、ニュートリノを中心とした熱い疑問があった。この謎めいた素粒子は、宇宙が持っているように見える、隠れた余分な質量をすべて説明できるのだろうか？

一見したところ、ニュートリノはその役割にうってつけだ。完全に目に見えず、宇宙全体に豊富に存在し、（ダークマターの他の候補たちとは異なり）地球の実験室における実験によってその存在が確認されている。

これらの実験はまた、ニュートリノは非常に軽いはずだということも示していた。せいぜい水素原子の一億分の一程度の質量なのだ。[24]この軽さ自体は、ニュートリノがダークマターとして作用することを妨げるものではない。

冷たいダークマター

私たちの宇宙には非常に多くのニュートリノが存在すると予想され、その重力効果の総計は莫大なものになる可能性がある。しかし、ノーベル賞を受賞したコスモロジストのジム・ピーブルズは、このような信じられないほど軽い素粒子は、速く動くものだと警告している。ちょうどクリケットのボールの方が大砲の玉よりも高速で投げるのが簡単なように、宇宙の歴史の始まりの瞬間、軽いニュートリノは熱狂的に飛び回る。[25]

そのような急速な運動を考慮するよう調整した後、チームのシミュレーションは、現実に見られるような、高密度で結び目のある網をニュートリノが形成することは不可能だと結論づけた。[26]ニュートリノはあまりに速く動くので、必要な構造を作る暇もなく、宇宙を横切ってしまったのだ。

この発見は劇的で、これまで物理学で知られているどの素粒子もダークマターを説明できないことが判明した。何かまったく新しいものが必要であり、それは少し比喩的だが「冷たい」ダークマターと呼ばれるようになった。この用語は、ニュートリノのように高速で動く粒子は「熱い」という考えから来ている。私たちが熱として経験するものは、通常、（ミクロのスケールではあるが）粒子の急速な運動なのだ。

逆に、冷たいダークマターは、重くてゆっくりと動く、目に見えない粒子を指す。冷たいダークマターは、より現実に近い構造を作り出す。私はこれをフォンデュのようなイメージで捉えている。宇宙が熱過ぎる物質でできている場合、それは薄くて水っぽくなるが、冷たいダークマターであれば、望遠鏡が発見したような、ネバネバしたクモの巣のように、すべてを絡め取ってくれる。

シミュレーションには、さらに隠された第二の結論がある。ニュートリノは、一九八〇年代初頭に示唆されていたよりもさらに軽くなければならない。というのも、シミュレーション宇宙に冷たいダークマターがあるだけでは不充分だからだ。ダークマターは、重力の「支配的」な源《みなもと》に違いない。

もしニュートリノが重力を持ち過ぎると、冷たいダークマターの網を引っ張り始め、シミュレーションはふたたび現実と合わなくなる。ニュートリノを完全に消し去るという選択肢はない。ニュートリノは、間違いなくたくさん存在するのだから。したがって、唯一の可能な結論は、個々のニュートリノは重力の影響を最小にするために非常に軽くなければいけない、ということだ。

今日、実験によって、ニュートリノは、一九八〇年代初めに物理学者たちが考えていたよりも三〇分の一も軽いことが実験で確認されている。シミュレーションの結論はここでも実証された。[27]

この二つの結果は、シミュレーションを宇宙論と素粒子物理学の主流へと押し上げた。四人組のサイモン・ホワイトは、鉄のカーテンの向こうのモスクワへの珍しい招待を受け、そこで恐ろしく影響力のあるロシアの物理学者ヤーコフ・ゼルドヴィッチに会った。ゼルドヴィッチは、「ニュートリノとダークマターは同じものだ」と、何年も前から強く主張していた。[28] 彼はアパートで朝食をとりながら、シミュレーション結果を見ると、素っ気なくうなずいて話題を変えた。[29] それは彼なりの敗北の認め方だったようだ。

もっと発見すべきことがある

冷たいダークマターは、「銀河の回転を説明する、目に見えない余分な質量」という、大雑把な説明をはるかに超えている。シミュレーションをすると、宇宙の網が私たちの宇宙の中でどのように成長してきたかについて、首尾一貫した説明がなされる。しかし、この話は依然として居心地が悪いものだ。

「ダークマターが実験室で実際に発見されるまでは、物理学者は誰もこの話を好まないだろう」と、一九八八年にマーク・デイヴィスは語った。[30] 私たちは、まだ待っている。ニュートリノとヒッグス粒子の探索は、長い待ち時間が驚きではないことを示しているが、そのあいだに、宇宙はさらに奇妙に見え始めている。

一九八〇年代、世界中の望遠鏡は宇宙の網の目の理解を深め続けていた。デイヴィスはシミュレーションに専念していたが、マッピング・チームのもう一人のリーダー、マーガレット・ゲラーは、もっと発見すべきことがあるのではないかと考えていた。

ゲラーは子どもの頃から三次元のパターンに魅了されており、いつも父親の結晶学研究室で遊んでいた。その研究室は、規則正しく格子状になった、物質の原子構造を推論することに専念していた。宇宙の網の目構造は、銀河がランダムに散らばっているという、それまでの確信を打ち砕いた。「人々がわかっていると思い込んでいたことの多くは、まったくわかっていなかった」ことに彼女は気づいた。[31] そこで、ゲラーと彼女の同僚二人は、デイヴィスがカタログ化したものを超える、さらなる探索の先頭に立った。

八〇年代の終わりまでに、ゲラーは自動天空調査の感度を上げ、それまでより六倍も多い数の銀河を発見した。その多くはずっと遠くにあり、微かにしか見えなかった。[32] この拡大マップによって、宇宙構造の網の目は、何億光年にもわたって、一本一本の糸が伸びていることが明らかになった。

これは宇宙論コミュニティにとって、新たな驚きだった。網そのものは宇宙空間に浸透していると考えられていたが、冷たいダークマター・シミュレーションでは、一本一本の糸は三〇〇〇万光年よりも長くないはずだとされていたからだ。明らかに、既存のシミュレーションには何かが欠けていた。ゲラーは「もっと、ごちゃごちゃしたモデルが適切かもしれない」と示唆した。[33]

そのごちゃごちゃしたモデルに必要なのは、宇宙の網の糸をより長く引き伸ばす「反重力」であることが判明した。この根底にあるアイデアは、実は血統書付きだ。ニュートンとアインシュタインは、それぞれの重力に関する研究を補うものとして、反重力を考慮してみたが、二人ともその可能性を捨てた。当時はまったく証拠がなかったからだ。[34]今日、宇宙を押し広げているものはすべて「ダークエネルギー」と呼ばれ、銀河を引き寄せている「ダークマター」と対をなしている。

ダークエネルギー

ダークエネルギーの影響は、太陽系や銀河系スケールでは測定可能なインパクトがないため、非常に弱いものに違いない。しかし、弱いダークエネルギーであっても、非常に大きなスケールでは重要な意味を持つ。アインシュタインはこれを「宇宙定数」と呼んだ。宇宙全体の膨張の中で、徐々にだが、止めることのできない加速度を生み出す、穏やかだが容赦のない後押しである。

一九八〇年代のシミュレーションにはダークエネルギーが含まれているものもあったが、それは理論的に完璧を期したいからであり、ダークエネルギーが実際の効果だと真剣に考えるコスモロジストはほとんどいなかった。一九九〇年、ジョージ・エフスタシューは、新世代の銀河サーベイに応え、ダークエネルギーによる加速膨張が、まるで巨大なコピー機で拡大したかのように、宇宙の網の目を大きくしていると指摘した。[35]

もしシミュレーション宇宙が約八〇パーセントのダークエネルギー（現在、合意されている数値は七〇パーセントに近い）で、残りのほとんどがダークマターであった場合、計算上の宇宙と現実の宇宙はふたたびよく一致した。このことは、天文学者が、宇宙の膨張を直接測定すれば、大規模なダークエネルギーの反重力のせいで、宇宙の膨張が速くなっていることがわかることを意味していた。

それから八年後の一九九八年、二つの天文学者チームがハッブル宇宙望遠鏡を使って宇宙の膨張を測定したと発表した。そして、まさにシミュレーションが示唆していたとおり、膨張は実際に加速していた。

この点を理解して初めて、二〇〇〇年代半ばの私の学部時代の教授陣が、なぜダークマターとダークエネルギーについてあれほど確信していたのかがようやく腹落ちした。それは実際に驚くべき代物だったのだ。理論的な推測、確固たるデータ、コンピューターシミュレーションの組み合わせによって刺激された、想像力の飛躍が、結果として正確な予測をもたらすのだ。

これはすべて過去の再現に関するものであるため、予測という言葉は適切ではないかもしれない。科学における予測は、通常、未来に関するものだから。たとえば、素粒子物理学の研究者は、明日の実験が何を示すかを予測し、それが正しいか間違っているかを突き止めることができる。

コスモロジストの確信

天文学者にも、このような意味での未来予測は可能だが、役に立つことはほとんどない。私たちの銀河系である天の川銀河が、五十億年以内にお隣のアンドロメダ銀河と衝突することは、ほぼ確かだと予想されている。それは壮大な夜空になるだろう。しかし、宇宙論が正しいかどうかを確かめるために一億五〇〇〇万世代も待ちたい人はいない。

そのような超人的な忍耐は不必要だ。宇宙は人間が生きているあいだにあまり変化しないが、私たちが宇宙について知っていることは変化する。そのため、コスモロジストは、通常、将来「何が起きるか」を予測するのではなく、将来「何がわかるか」を予測する。

ダークエネルギーは数十億年前に始まったが、一九九八年までは、宇宙の膨張が加速していることは私たちにはわかっていなかったから、一九九〇年のシミュレーションでは、この意味での予測がおこなわれたことになる。

それ以来、望遠鏡は宇宙を三〇倍も深く覗《のぞ》き込むようになったが、それでも、ダークマターとダークエネルギーという双子による説明は有効だ。そこまで遠くになると、地球に光が届くまでに驚くほど長い時間がかかったので、私たちは、時間差で過去を見ていることになる。

シミュレーションが予測したのは、今日の宇宙の網の目だけでなく、「それが何十億年もかけてどのように作られてきたか」なのだ。シミュレーションは、過去に起きたことを再現したが、それは、まだ人類が証拠を見ていない時点で予測された。

当時その場にいたコスモロジストたちに八〇年代と九〇年代の雰囲気を尋ねると、彼らは口をそろえて危機が興奮に変わったのだと説明する。私は一九八三年生まれで、宇宙論の研究を始めたのは二〇〇〇年代の初めだった。

ジョージ・エフスタシューと初めて会った時（少なくとも私が話す勇気を出した時）、私は彼に、この目に見えない物質がすべてそこにあると信じているのかと尋ねた。彼はさわやかなほどきっぱりと答えた。「はい、もちろんです」。

九五パーセントと五パーセント

私は改宗者だ。ダークマターが単に銀河の驚くほど速い回転を合理的に説明するだけなら、それは子どもが読む物語みたいなものだ。一つの孤立した事実に対して、「世界はそうなっているんだよ」という説明をでっち上げるのは容易《たやす》い。だが、銀河の回転は、ダークマターの存在を示す、多くの証拠のうちの一つに過ぎない。

もっと重要なのは、ダークマターの引力とダークエネルギーの斥力《せきりょく》が共謀して、私たちの宇宙の包括的な構造、つまり宇宙の網の目を作り出す方法だ（訳注：物理学的な力には二種類ある。引力と斥力＝反発力である）。その構造が正しく見えるまでシミュレーションをくり返すことで、先駆者たちは、私たちの宇宙について重要な事実を正しく推論した。

私たちが直接観測している物質では、宇宙の網の目の存在を説明できないこと。ニュートリノは、重要な役割を果たすには軽すぎること。宇宙の膨張は加速しているに違いないこと。このような予測能力は、科学理論が成功した証だ。銀河の回転を説明する代替案は提唱されてきたが、ダークマター理論の対抗馬の理論で、これほど多くのことを説明できるものはない。

今日、ダークマターが二五パーセント、ダークエネルギーが七〇パーセントという宇宙像が描かれている（あなたや私、惑星、星、そして銀河の目に見える部分を作っている原子や分子は、宇宙の五パーセントだけなのだ）。

このことは、八〇年代から九〇年代にかけての知見の積み重ねの上に、観測、理論、シミュレーションの緊密な連携プレーを通じて、完全に確立されている。そのような証拠については、これからの章でご紹介する。

ダークマターとダークエネルギーが、宇宙の謎の説明の決定打だと言っているのではない。

より身近な物理学と完全に結びついていないという意味で、それは不完全だ。ニュートリノだったら、宇宙の構造の説明としてもっと満足のいくものだっただろう。

私たちは、ニュートリノが存在するだけでなく、なぜニュートリノが存在するのかを、日常世界を作り上げている素粒子一覧表の観点から理解している。もともと、パウリの藁をも摑むような救済策として始まったにもかかわらず、ニュートリノは今や、素粒子物理学の「標準モデル」として知られる、自然の構成要素に関する私たちの理解に、不可欠な要素となっている。

ダークマターとダークエネルギーは、この標準モデルには席がないため、単なる暫定的な説明とみなされなければならない。ダークマターが身近な素粒子の世界とどのように関係しているのかはわかっていないが、超対称性、アクシオン、ステライルニュートリノ（標準ニュートリノのいとこのような仮説）といったエキゾチックな名前の憶測的なアイデアがあり、それぞれがわずかに異なるバージョンのダークマターを提案している。

完全な一致などありえないが……

大型ハドロン衝突型加速器か特殊な検出器が、超対称性の証拠を発見するかもしれないと、かなり期待された。しかし、ここ数年、検出される兆候はなく、その期待は薄れ始めている。現状では、ダークマターの正体についての手がかりはほとんどなく、ダークエネルギーがそもそも何なのかについては、完全に行き詰まっている。特定の新粒子を探す実験は続いているが、すぐに成功する保証はない。

なんとも、もどかしい状況だが、シミュレーションをする側にとっては、無限に近いチャンスでもある。ダークマターやダークエネルギーがどのようなものであるかについては、非常に多くの可能性があるため、人々は何が起きるか、そしてそれが本当に存在するものと一致するかどうかを確認するために、仮想宇宙にいろいろな味付けをしたコードを書き続けている。

完全な一致などありえない。シミュレーションと現実の一致は、常に程度の問題だ。常に改良の余地があり、バリエーションによって、以前よりもさらに宇宙とよく一致するシミュレーションが生み出される可能性がある。

ダークマターが、非常に弱いとはいえ、重力以外のなんらかの力を感じていると想像できるだろうか？

あるいは、現在信じられているよりもほんの少し速く動いているのかもしれない。ニュートリノのようにびゅんびゅん飛んでいるわけではないが、冷たいダークマターのようにのろのろしているわけでもないとか？

あるいは、ダークエネルギーは、アインシュタインが宇宙定数と呼んだものとはほんの少し異なるやり方で、宇宙を押し広げているのだろうか？

四人組の元々のアプローチに従って、世界中のコスモロジストは、さまざまな成分を含む宇宙をシミュレーションし、現実と比較することができる。基礎となる仮定になんらかの変更を加えることで、現実に存在するものによりよく一致するようになれば、私たちは何か新しい試みに着手することになる。より優れたシミュレーションが出た時点で、どのような種類の粒子を探すべきかについて、研究所に新たな指針を示すことができるのだ。

すでに、ダークマターやダークエネルギーの新しいバリエーションによって、以前よりも宇宙の観測結果とよく一致する兆候が見られていると主張するコスモロジストたちもいる。[36] しかし、私はそこまで確信が持てない。シミュレーションと現実を比較するのは容易ではないし、往々にして、見当違いの結論に達することがあるからだ。[37]

見落としていること

いちばん問題なのは、二十世紀後半のシミュレーションが、ごく少数の例外を除いて、目に見える宇宙の五パーセントではなく、暗い宇宙の九五パーセントの方に焦点を当てていたことだ。望遠鏡で見える現実と比較するには、大胆な仮定が必要だった。それは、ダークマターの重力が、ガスや星を引き寄せ、ダークマターが最も密集しているところに銀河が形成される、という仮定だ。

これはシミュレーションの暗い骨格に光を塗りつけるようなもので、当初は妥当なアプローチだった。重要な力である重力は、すべての物質を等しく扱うので、シミュレーションの観点からは、星はダークマターと非常によく似たふるまいをする。ダークマターの引力が最も強いところに星が集まるのは合理的だ。

しかし、この分析は、ある違いを見落としている。シミュレーションとその予測の根底にある重要な仮定は、「ダークマターがビッグバンのほんの数秒後に製造された」というものだ。星はこの点で大きく異なる。星は宇宙が始まってから少なくとも一億年後に出現した、比較的後発の天体なのだから[38]。

ダークマターの粒子とは異なり、星は、水素とヘリウムのガスの雲から形成されるのに時間がかかる。このようなガスは重力以外の力も受ける。圧力によってガス雲が押されたり閉じ込められたりする一方で、ダークマターは自由に流れ去ってしまう。

シミュレーションが、ガスの複雑なふるまいを追跡できない限り、星がいつどこで生まれ、どこに行き着くかを予測することはできない。星がダークマターを追いかけるだろうという考えは、便利な近道だが、正確なものではない。

世紀の変わり目には、私たちの宇宙の目に見えない部分と目に見える部分との関係が複雑であることは明白だった。ダークマターとダークエネルギーの本質を探るために、コスモロジストは、銀河の形成と進化の仕方を明らかにするほかなかった。

宇宙の九五パーセントをシミュレーションするのは凄いことだが、残りの五パーセント、つまりガス、星、銀河をシミュレーションすることの方が、はるかに難しいことがわかったのだ。

3 章

銀河と

サブグリッド

天の川銀河のはるか彼方

都会で夜空を眺めても、星はほんの一握りしか見えない。暗い田舎に行けば、徐々に目が慣れてきて、数百から数千の星が見えるようになる。さらに目が慣れてくると、空を二分する微かな光の帯が見えてくる。それは天の川で、何千億もの星からできている。一つひとつの星を見るためには、強力な望遠鏡が必要だ。

また、時期によっては、月のない夜にアンドロメダ座の真ん中に滲んだ光を見つけることができるかもしれない。私たちが住んでいる天の川銀河のはるか彼方にある、天の川銀河と同じくらいの大きさの銀河、アンドロメダ銀河だ。

それにしても、なぜ宇宙は、ほぼ何もない空間に囲まれた、このような「島々」に分かれているのか？

これはコスモロジストが抱く中心的な疑問である。

天の川銀河は、私たちの故郷であり、アンドロメダ銀河は、その最も近くにある大きな隣人だが、他にもたくさんの銀河がある。映画『コンタクト』（一九九七年）は、地球上空の飛行から始まる。月と火星を通り過ぎ、小惑星帯を飛び、木星と土星を通り過ぎ、太陽と太陽系がかすむまで。

無数の星と輝くガスの雲を垣間見て、天の川全体が深宇宙の裂け目に浮かんでいるのを見送る。『コンタクト』の想像上のカメラは、実際の宇宙船が到達した距離の何十億倍も遠くまで飛んだが、映画の旅はまだ終わらない。

何十もの新しい銀河がスクリーンに飛び出し、天の川は多数の銀河へと溶け込む。やがてスクリーンは点描で埋め尽くされる。それぞれが私たちの銀河とは異なる銀河なのだ。『コンタクト』のオープニングは、宇宙に対する現代的な理解を反映している。広大な闇の海の中に、雑多な明るい島々が、宇宙の網の目のような構造に沿って連なっている。

前章のダークマター・シミュレーションは、この網を理解することはできたが、その網にはりめぐらされた銀河についてはほとんど説明できなかった。というのも、定義上、ダークマターだけを含むシミュレーションでは、望遠鏡で見たものと直接比較することはできないから。天体物理学者は、ダークマターの大きな塊の中心に銀河があるはずだと推測することはできても、なぜ銀河が特定の大きさ、形、色をしているのかを説明することはできない。

そのためには、シミュレーションに星やガスを含めることが不可欠となる。これらの要素を加えることで、宇宙の「会計計算」が可能になり、現実に観測されているたくさんの銀河に直面したときに、ダークマターというパラダイムが理にかなっているかどうかをテストすることができる。

それ以上に、私たちは銀河の中に住んでいるのだから、シミュレーションの改良は、私たち自身の歴史を理解するためにも必要なステップなのだ。ガスや星が、なぜ、そしてどのように宇宙に散らばっているのかを知らなければ、太陽系や地球がどのようにして天の川銀河に誕生したのかを説明することはできない。

宇宙論的な歴史の「スケッチ」

銀河の存在、その歴史、さまざまな大きさや形。

これらすべてをコンピューター・シミュレーションで研究することは、二〇〇五年に博士課程に進んだ私にうってつけの課題だった。この宇宙の構成要素をコンピュータの中に取り込み、研究することに心惹かれた。また、時代もちょうどよかった。天体物理学者たちは、本物そっくりとはいかないまでも、胸を張れるくらいには現実によく似た、銀河のシミュレーションに成功したばかりだったからだ。

しかし、この画期的なシミュレーションの仕組みを知るにつれ、私は幻滅していった。コンピュータは、目の前の課題に対してパワー不足だったのだ。銀河一つをコンピュータの中に詰め込むにも、物理学の本質的な部分は単純化され、都合の良い規則の集まりにならざるをえない。特に、（銀河を目に見えるように輝かせる核融合炉である）星の誕生、寿命、死は、厳密な原理的方法ではなく、どうしても、いい加減な扱いになる。

これは天気のサブグリッドと同じ考え方だ。雨粒や木の葉は、地球のシミュレーションに含めるには小さすぎるし、数も多すぎる。同様に、銀河に関して言えば、スーパーコンピュータは、銀河内の何十億もの星々を追跡することはできない。その代わりに、近似的なサブグリッド規則でそれらの影響を模倣して解決しようとする。気象シミュレーションは、あくまで実用的な目的であるため、このような短絡的な方法が許される。一方、銀河シミュレーションは、宇宙論的な歴史について私たちに教えてくれるはずのものであり、したがって、辻褄合わせだけのサブグリッドは、明らかに問題が多いと言わざるをえない。

この章では、この問題に焦点を当てて見てゆく。現在、もはや幻滅はしていないが、私はいまだに、長い時間をかけて、現実と物理学とシミュレーションのあいだの緊張関係について考え続けている。コンピュータは、他の何十億もの銀河はおろか、私たちの天の川銀河についてでさえ、その豊かさと細部を完全に捉えることができない。だから、シミュレーションの結果をどう受け止めるかが大切なのだ。

現代の銀河シミュレーションは、私たちの宇宙が誕生した直後から、物質がどのように時間をかけて、銀河へと組み立てられてゆくかを追跡するが、その長いプロセスのあらゆる側面を捉えるのが目標ではない。そのような目標は達成不可能だ。そうではなく、シミュレーションは、宇宙論的な歴史の「スケッチ」を提供するのだ。このスケッチは、文字どおりの再現ではないが、現実に起きた過去を解釈するために使うことができる。

現代の最も強力な望遠鏡は、時間を遡《さかのぼ》り、過去を見ている。遠くの天体からの光は、何十億年もかけて私たちに届くのだ。太古の宇宙から届いた微かな光の点は、私たちのご近所にある銀河とはまったく違って見える。シミュレーションは、その理由を説明する方法の一つになる。

天体物理学者は、銀河の物語をどのように発見したのか？

シミュレーションの何が信頼できるのか？

それを理解するには、望遠鏡が現在からビッグバンまでの一〇分の一の時間しか見ていなかった、一九六〇年代まで時計の針を巻き戻す必要がある。当時はまだ、銀河がどこから来たのか、時間とともにどのように変化していくのか、誰もあまり関心を払っていなかった。実際、銀河は少なくとも過去数十億年のあいだ、ほとんど変化していないと、みんなが思い込んでいた。

ベアトリス・ヒル・ティンズリーという、一人の博士課程の学生が、コスモロジストたちを自己満足から脱却させ、現代の銀河シミュレーションへの道を切り拓くまでは。

サンデージの抗弁

科学論文には、緻密で注意深く明晰《めいせき》なものがある。また、マニフェストのように、新しい考え方の輪郭を描くものもある。ティンズリーが一九六七年に発表した博士論文は、この二つのスタイルをうまく融合させている。[1] その論文では、銀河が時間とともに変化すると思われる、あらゆる根拠を示し、その変化を再構築し説明するシミュレーションの方法を示し、そして一九六〇年代の宇宙論全体を見直すべきだと結論づけている。

アメリカの著名な天文学者アラン・サンデージは、世界最大の望遠鏡を使って、地球から数十億光年離れた銀河を研究していた。彼は銀河の移動速度を測定し、望遠鏡に映る明るさを測定することで、その銀河がどのくらい遠くにあるかを推測した。光っている物体は、近ければ明るく、遠ければ暗く見える。だが、距離を推測するためには、その物体の「元々の明るさ」を知る必要がある。そうでなければ、遠くにある明るい銀河なのか、近くにある暗い銀河なのかがわからなくなってしまうからだ。サンデージは、選んだ銀河がすべて同じ強さで輝いていると仮定することで、この問題を回避した。

光が重力の代用となるよう、厳重に管理されたホルンベルクの実験室とは異なり、サンデージは本物の銀河から光を受け取っていた。彼には、すべての銀河が同じ明るさで輝いていることを証明する手立てはなかった。実際、光の移動時間のために、離れた銀河はかなりの時差で見えるので、光を発したときは、まだ年齢が若かったはずなのだ。

つまり、サンデージの仮定は、若い銀河と古い銀河が同じ明るさの場合にのみ意味をなす。彼は、このことにさほど問題があるとは考えなかったので、宇宙の成長速度の測定は正確であろうと信じ、宇宙の膨張は「三十億年後に止まり、その後収縮が始まる」と推定した。[2]彼は、宇宙は七十億年後に、すべての銀河、星、惑星が激突して終焉《しゅうえん》を迎えると結論づけた。

サンデージの視点に立てば、この結論を確かなものにするためには、あと数台の巨大望遠鏡が必要だった。しかし、科学予算は宇宙飛行計画に吸い取られていた。一九六七年、彼はウォール・ストリート・ジャーナル紙に次のように寄稿した。「私たちは創世記を書き換えようとしている。月に人を着陸させることよりも、明らかに哲学的に重要なことだ[3]」。

サンデージが聖書の言葉で抗弁する一方で、ティンズリーは注意深く雄弁な散文で、サンデージの「銀河はみな同じ明るさだ」という仮定を葬り去ろうとしていた。父親に宛てた手紙の中で、彼女はサンデージの誤解の核心を突いた。

「彼の計算は、光を発した時の銀河の状態に左右されます。その光は、今ようやく望遠鏡に届いているのです。でも、昔の銀河が、今の銀河と同じだとは限らないのです[4]」。もし太古の宇宙の銀河が現在の銀河と同じように輝いていなかったとしたら、創造の始まりと終わりに関するサンデージの予測は大ハズレということになる。

ティンズリーの銀河

ティンズリーは、彼女が設計し、コード化し、分析したシミュレーションを使って、自らの主張を補強した。すべてのシミュレーションがそうであるように、彼女のシミュレーションもいくつかの初期条件から始まる。その初期条件は、（星を作る原料としての）ガスの存在だけだ。この出発点から、彼女はコンピュータに、銀河がどのように変化してゆくかを記録するよう指示した。

しかし、ホルンベルクの銀河合体シミュレーションとは異なり、ティンズリーは、星がどのように動くかにはあまり興味がなかった。銀河の中で星がどのようにして生まれ、生きて、死んでゆくかに思いを馳せていたのだ。ホルンベルクの星は、常に電球のように輝いていた。ティンズリーの星は、実際の星と同じようなライフサイクルを持つだろう。実際の星と同じように超新星爆発を起こし、炭素、酸素、鉄などのさまざまな元素を、(原始的な初期宇宙から残っていた)水素とヘリウムに加えるだろう。

すべての星は、銀河の中を漂うガスの雲から始まる。

その雲は、重力と圧力の微妙な相互作用によって形作られ、重力は内側に押し込み、圧力は外側に押し出す。重力は最終的にぎっしりと詰まった球を作ることに成功し、その後、核融合反応が起きて、不活性ガスが輝く星へと変わる。

その後、星は成熟期に入るが、時間とともに色や明るさが変化し、核燃料を使い果たせば、劇的な爆発によって死を迎えるかもしれない。最も明るい星の寿命はわずか数百万年で、宇宙の歴史から見れば、ほんの一瞬のできごとだ。

ティンズリーは賢明にも、自分のシミュレーションがこのようなことに直接取り組むことを期待しなかった。個々の雲から星がどのように作られるかについて、詳細な計算を試みる代わりに、彼女は、銀河全体で平均すると、ガスはゆっくりと安定した速さで星に変わるのだと、コンピュータに、別途、指示した。

個々の星が輝き、年をとり、死んでゆく様《さま》は、紙とペンの計算でこしらえた。コンピュータは、それぞれの銀河の歴史の中で、形成されたすべての星の影響を合計するだけでよかった。

その単純さにもかかわらず、ティンズリーのシミュレーションは、サンデージの間違いを証明するのに充分なほど強力だった。彼女がどのような計算をしようと、一生のあいだ、同じ明るさで輝く銀河を作ることはできなかったからだ。銀河の明るさを一定に保つには、死にゆく銀河と入れ替わりに、ピッタリな割合で星を作り続ける必要がある。

しかし、そんなことをすれば、望遠鏡で実際に見えるものとは異なる色の星だらけになってしまう。ティンズリーは一九六七年の論文で、宇宙の起源と運命を理解することは、「銀河が進化するせいで、これまで考えられていたよりも難しくなっている」と、書いている。

ティンズリーの研究の妙手は、銀河がどのようにして作られ、時間とともに変化してきたかについて、シミュレーションが最終的な答えを提供しない点にある。だが、問題はない。彼女は一つの正しい結果を得ることにこだわらなかったのだ。複雑な要素が絡んでいる以上、それが不可能なのは明らかだったからだ。その代わりに彼女は、サンデージの「銀河は変わらない」という仮定が成り立たないことを示した。シミュレーションは、宇宙についての私たちの考えを覆すために、文字どおり真実である必要はないのだ。

銀河はどれくらいの時間でできるのか？

サンデージの友人によれば、彼は深く動揺したという。彼の頭の中では、新参者が不当に自分の計画を邪魔しようとしていたからだ。[5] 彼は、現実の銀河はティンズリーのシミュレーションとは相容れないと主張して、この結果を否定しようとした。一九六七年のオックスフォードでの講演で、彼はティンズリーの主張は「偽り」だと主張した。[6] しかし、ティンズリーは自分のシミュレーションが正しいことに自信を持っており、詳細な技術的論文で反論した。彼女の結果を否定するときにサンデージが計算間違いを犯したと指摘したのだ。[7]「銀河が有意な速度で進化していることは、現在のどのデータからも否定ができない」と、彼女は結論づけた。

サンデージは「まだ彼女の結論に同意したわけではない」と、ティンズリーのシミュレーションと分析に疑問を投げかけ続けた。[8] にもかかわらず、この研究は彼女を国際的なスターへと押し上げた。残念なことに、その後、彼女は一九八一年に、メラノーマにより、四十歳の若さで亡くなった。

彼女は一〇〇を超える論文を発表し、博士論文をはるかに超える研究を残し、後世の銀河形成の分野全体の方向性を決定づけた。彼女のその後の研究の多くは、現代のシミュレーションをいまだに悩ませている、一つの基本的な疑問に取り組んでいた。

ガスの雲から、星はどのくらいの時間で作られるのだろう？

この疑問に対する答えがなければ、シミュレーションされた宇宙の各部分の明るさや、明るさが時間とともにどのように変化するかが正確にわからない。ティンズリーがサンデージの研究を批判したことからわかるように、銀河の明るさについて誤った仮定をすると、宇宙全体についての誤った推論につながりかねない。

今日、銀河がどのような速度で作られるのかは、宇宙論において、大きな未解明の問題で、特に、目に見える銀河とダークマターのあいだの複雑な関係を理解しようとする場合には、悩みの種となっている。

銀河とダークマター

一九八〇年代から九〇年代にかけて、宇宙論は急速な変化を遂げた。

たとえば、宇宙の網の目の説明として「冷たいダークマター」の仮説が登場した。しかし、宇宙の網の目は、ダークマターの出発点ではなかった。ダークマターは、「銀河が思ったよりも高速で回転している」といった、観測された異常を説明するために発案されたのだ。
このような観測的証拠から、銀河を取り囲む不可視の物質に「ダーク・ハロー（暗黒の後光）」という名前がつけられた。矛盾しているように聞こえるが、この言葉は天文学者が存在するだろうと想像しているものを正確に言い表している。実現するかどうかわからないが、もし将来の技術によって、ダークマターを直接見ることができるようになれば、すべての銀河の周りにオーロラのようなぼんやりとした「靄《もや》」が見え、その大きさは、目に見える銀河の一〇倍程度になるだろうと予想される。
いまのところ、ダーク・ハローを見る手っ取り早い方法は、「重力レンズ」によるものだ。遠い宇宙から旅して来た光が、ダーク・ハローの影響で微妙に歪《ゆが》む現象である。これはダーク・ハローを直接見るのにはほど遠いが、レンズ効果の測定は、少なくとも物質の靄が広がっていることと矛盾しない。[9]
ダークマターに関する最初の本格的なコンピューターシミュレーションは、個々の銀河よりもはるかにスケールの大きな構造である、宇宙の網の目に焦点を当てた。しかし、コンピュータの性能が上がるにつれ、シミュレーションは、包括的な網目構造の中に銀河規模のダークマターが凝縮していることを示し始めた。驚くべきことに、このシミュレーションは、ダーク・ハローの役割を果たすのに適切なスケールと質量を持つ構造も明らかにした。

シミュレーションでは、ハローは、初期宇宙において最も密度が高いところに形成され、その後、生まれたばかりの網から、重力によってさらに物質を引き出して、ゆっくりと成長した。ハローはしばしば合体し、絶え間ない合体の過程を経てどんどん大きくなっていった。ガスもまた、ダークマターの強力な引力に引きずられ、星を形成するのに充分な密度になるまで、蓄積されるであろうことは容易に想像された。銀河の合体は、宇宙の至るところで起きていることが知られており、それは、親のハローの合体によって促される。ダークマター理論は一巡した。観測された銀河のふるまいにもとづいて発明され、銀河が配置された広大な宇宙構造を予測し、そして今、銀河そのものがどのように形成され、時間とともに変化するかを説明し始めたのだ。[10]

うんざりするほど多くの材料

しかし、興奮しすぎるのは禁物だ。これらのシミュレーションは、目に見える銀河については何も語っていないのだから。それを取り巻いているはずのダーク・ハローだけを扱っていたのだ。シミュレーションには、星もガスもプログラムされていなかったので、実際の宇宙との比較は、推測と当てずっぽうにもとづいていた。

サイモン・ホワイトとカルロス・フレンク（四人組のうちの二人）は、この欠点に取り組むことにした。一九八八年の会議でホワイトは次のように語った。「銀河がどのように形成されるかについての私たちの考えは、まだ非常に不確かだ……仮に銀河の形成を目撃しても、それがわかるかどうか怪しい[11]」。

目に見える銀河が、ダーク・ハローと同じように合体したり成長したりするのかどうかは、ダークマターからの重力にガスがどのように反応するかにかかっている。それによって、宇宙の歴史において、正確にいつどこで星が生まれたかが判明するのだ。

これはティンズリーが抱えていた問題と同じだが、ホワイトとフレンクは、ダークマターが投げかけるまったく新しい疑問のために、より多くのルールを考案しなければならなかった。

ダーク・ハローが形成された後、ガスはどれくらいの速さでハローに流れ込むのか？星ができるのに充分なほど圧縮されるまでに、そのガスはどれくらいの時間、滞留するのか？

二つのハローが合体した場合、その中の銀河が合体するまでに、どれくらいの時間がかかるのか？

ダークマターと銀河形成を一緒に扱うのは難しい注文だった。一九九〇年の論文で、二人は

「銀河形成のもっともらしい完全なレシピを作るためには、うんざりするほど多くの材料をかき集めなければならない」と、コメントしている。[12]

だが、事は急を要した。というのも、ハッブル宇宙望遠鏡が打ち上げられ、かつてない方法で宇宙の奥深くを覗《のぞ》き込もうとしていたからだ。ハッブル宇宙望遠鏡は、地球大気の歪みの影響から解放され、宇宙の年齢の大半を旅してきた光を集めることができた。つまり、銀河形成の謎を解く「スナップ写真」を撮影してくれるのだ。

理論家たちは、目に見えないダーク・ハローがどのように成長してきたかに重点を置いていたため、銀河形成についてはほとんど手つかずの状態だった。シミュレーションが銀河の見える部分について明確な予測をするようになれば、この溝は埋まるだろう。

ダークマターが天文学の専門家の間でほぼ広く受け入れられている今日、何が問題だったのか想像するのは難しい。冷たいダークマターに関する宇宙の網の目の証拠は、一部のコスモロジストや素粒子物理学者には説得力があるように思われたが、より広い分野の天文学者たちは、この新しいパラダイムで、銀河そのものを理解できるかどうかに強い関心を抱いていた。[13] もしシミュレーションがうまくいかなければ、ダークマター宇宙論は見向きもされなくなる恐れがあった。[14]

ハッブル・ディープ・フィールド

一九九五年、ハッブル宇宙望遠鏡は、クリスマスの十日間をかけて、月の直径の一〇分の一にも満たない小さな天空を観測した。そんなに長時間、特段、興味深いともいえない狭い領域を露光すべきなのか、という議論はあった。宇宙望遠鏡科学研究所の天文学者たちは、その前の一年間、ハッブル宇宙望遠鏡をどこでもいいから向けてしまおう、という驚くべき計画を立てていたのだ。だが、長時間、一か所だけを見つめていたおかげで、望遠鏡は、これまで知られていなかった対象を見ることに成功した。

薄暗く遠い銀河からは、砂時計の中を流れる砂粒のように、小刻みな光の粒が、時間をかけて流れてくる。しかし、最もゆっくり流れる砂でも、やがて砂時計の下の空間を満たすように、望遠鏡が充分に長く露光すれば、最も微かな光でも、やがては鮮明な画像になる。ハッブルの十日間の写真が地球に送られたとき、そこには銀河がぎっしりと詰まっていた。

「ハッブル・ディープ・フィールド」はその結果である。

明るい斑点が散らばった、真っ黒なキャンバスを想像してほしい。念のため、斑点の上に渦巻きもいくつか描いておこう。一見すると、その斑点は星だろうと思ってしまうが、実際は、はるか彼方の銀河なのだ。十二歳の私はテレビでこの画像を見たとき、あんな小さな領域に何千もの銀河があるなんて、とても信じられなかった。

もし全天を覆うような観測を繰り返したら、銀河の数は、その二六〇〇万倍はあるだろう。しかし天文学者たちの興奮は違うところにあった。イギリスの天文学者リチャード・エリスが語ったように、ハッブル・ディープ・フィールドで本当に印象的だったのは、「空の空白の量」だったのだ。[15] 一九九五年九月のニュースレターには、宇宙望遠鏡チームが何を発見するかという期待が示されており、彼らの想像図には、大きく明るい銀河が溢れていた。それと比べると、ハッブルが発見した実際の銀河は比較的小さかった。[16]

ある意味、これは冷たいダークマターのシミュレーションにとっては成功だった。銀河の周りにあるダーク・ハローが時間とともに合体し、成長してゆくことは明らかだった。ハローの中にある銀河も成長し、合体するのだと仮定すると、遠い過去の銀河は、今よりも暗く小さかったことになる。冷たいダークマターが宇宙を支配しているため、天文学者たちは、世界最強の宇宙望遠鏡が一三〇億光年の彼方を覗き込んだとしても、空白の空がたくさんあると予想できたはずだ。

銀河の空白についてのアイデア

しかし、その予想はまだ漠然としていたため、あまり真剣に受け止められていなかった。過去の銀河はより薄暗く、より小さかったと言うことは簡単だが、それを数字で表し、望遠鏡を通して何が見えるかについて正確な予想を立てるのは、また別の話である。シミュレーションが多くの未知の要因の前で苦戦したため、正確な予想はできなかったのだ。

とりわけ大きな頭痛の種となったのは、ある要因だった。

ガスからどれくらい速く星は形成されるのか？

何十年も前にティンズリーがシミュレーションで考え込んでしまったのと同じ難問だ。宇宙はガスに事欠かないので、重力に任せておけば、ダーク・ハローに星を詰め込むことができる。ハッブル・ディープ・フィールドは光で埋め尽くされ、今日の銀河はさらに明るくなっているだろう。

一九七〇年代半ば、ハッブルの驚くべき結果が出るずっと前、私たちの天の川銀河が星で溢れていないという事実が、ベアトリス・ティンズリーの親しい共同研究者であるリチャード・ラーソンの目に留まった。ラーソンは、星の形成を制御する信頼できる手段が、宇宙全体に存在することに気づいた。彼は、これほど偏在的に作用するメカニズムを一つだけ特定することができた。[17] それは「フィードバック」と呼ばれている。

フィードバックとは、少数の星が自滅的なループを使って、それ以上の星の形成を止めることができる、という考え方である。多くの星は、超新星と呼ばれる劇的な爆発でその一生を終える。たとえば、天の川銀河では、一年に一回程度爆発が起きている。ラーソンは、この爆発は銀河からガスを追い出し、新しい星が生まれるはずだった物質を取り除く副作用があると指摘した。トイレの貯水槽のように、水位が上がるとバルブを押して水の流れを止める様子を考えてみよう。貯水槽が満タンになると、水は流れなくなる。それと同じで、銀河では、いったん充分な数の星ができると、それ以上星を作るのは非常に難しくなるのだ。

この自己制御の概念は強力だが、それだけでは星が形成される正確な速度を明らかにすることはできない。フィードバックの正確な効果は、ガスの総量だけでなく、それがどこにあり、どのように動いているかに左右される。

状況によっては、逆の議論さえ成り立つ。適切な時間と場所での爆発は、散らばったガスの塊を集めて、圧縮して潰して球体にし、実際には、さらなる星の形成を「促進」するかもしれない。そのような詳細を捉えたシミュレーションがなければ、フィードバックがどのような影響を及ぼすかを定量化することは難しい。

そのため、ハッブル宇宙望遠鏡で観測されるであろう、冷たいダークマターの予測は定まっていなかった。一九九〇年代初頭、いくつかのグループが、ティンズリーのアプローチと、成長し続ける銀河の中でガスと星の蓄積を導くダーク・ハローという新しい概念を組み合わせたシミュレーションを開発していた。

リチャード・エリスの警告

しかし、各銀河がほんの一握りの数値で表現されていたため、これらのシミュレーションは、フィードバック効果を明確に予測するのに必要な詳細さに欠けていた。シミュレーションがハッブルの発見と相容れなかったわけではない。実際、いったんデータが届けば、それを事後的に解釈する準備は整っていた。気象予報士が、天気予報が当たるまで雲のサブグリッド記述を調整するように、銀河をシミュレーションする人間もまた、古代の銀河の数が現実に合うまで、フィードバックのサブグリッド記述を調整することが可能なのだ。

一九九〇年代の終わりまでに、いくつかのグループがこの試みで大きな成功を収め、ハッブル・ディープ・フィールドのシミュレーションが銀河で溢れるのを防ぐためには、非常に強力な調節フィードバックが必要であることを発見した。[18]

それは理にかなっていたが、満足のいくものではなかった。予測であるべきものが、結局は後づけの説明に終わってしまったのだ。当然のことながら、天文学者たちは、ハッブル・ディープ・フィールドの空っぽな宇宙に関するシミュレーションの説明を、どこまで真剣に受け止めるべきか迷っていた。

リチャード・エリスは、「最近、ハッブル・ディープ・フィールドの説明における理論的勝利と思われるものに注目が集まっている。私は、この結果は慎重に検討しなければならないと思う」と語った。[19] 彼は、物事が正しく見えるようになるまでフィードバックを調整して、銀河の数が正しくなったとしても、その理由が間違っている可能性があると警告した。彼の警告は正しかった。冷たいダークマターが直面している課題は、さらに悪化しようとしていた。

天文学者たちの懐疑

ティンズリーが銀河形成のシミュレーションを思い描いたとき、彼女はすでにそれが野心的であることを理解していた。この問題は無視できないほど重要であり、その難しさも魅力の一つだった。彼女は最後に発表した論文で、この問題を次のように肯定的に捉えている。「ようするに、この問題のあらゆる側面は、さらなる観測的・理論的研究を必要としており、銀河進化は、今後も長い間、研究のための沃野《よくや》であり続けるだろう」[20]。

今世紀に入っても、銀河のシミュレーションのほとんどは、ティンズリーの筋書きに沿っていた。コンピューター化された銀河は、いくつかの数値で構成され、どれくらいの温度で、どれくらいの量のガスがあり、どれくらいの年齢の星がいくつあるかを要約していた。ダークマターも考慮されたが、その主な効果は、銀河がどのように新しいガスを補充したり、隣の銀河と合体したりするかを決めることだった。

それでも、アイデアの核心は変わらなかった。ティンズリーが最初に提案したのは、銀河が時間の経過とともにどのように変化するかを推測するために、「シミュレーションでは最適なルールを用いる」ということだった。

現実には、銀河を数個の数値で説明することなどできやしない。それは、嵐を風速や雨量だけで語るようなものだ。要約としては役に立つかもしれないが、特定の嵐がどのように発達するかを正確に予測するには不充分だ。同様に、星やガスがどのように渦巻いているかといった、詳細な情報を加えずに、銀河のふるまいを予測できるはずがない。

このことは、ラーソンのフィードバック理論に照らし合わせると、さらに明確になる。つまり、新しい星が形成される際の決め手となる速度は、既存の星の爆発的な死によって決まる、ということだ。銀河内のどこに星やガスがあるのかが正確にわからなければ、フィードバックがどのような影響を及ぼすかもわからない。これが、天文学者たちが、シミュレーションの成功に懐疑的な理由なのだ。

観光客に広大な砂漠の地図は必要か？

フィードバックをよりよく理解するためには、気象予報士が大気中の空気や水分の動きを追跡するように、宇宙を漂ってらせんを描くガスを追跡する必要がある。シミュレーションにガスを含める一つの方法は、宇宙を立方体に分割する、広大なリチャードソン式グリッドを追加することだ。各立方体を通過するガスは、流体力学の三つのルール、すなわち、保存、力、エネルギーに従うようにする。しかし、コスモロジストたちはすぐに、これでは銀河内のガスにあまり光が当たらないことに気がついた。[21]

問題は、グリッドが空間を「等分割」してしまう点にある。大気のどの部分も他の部分と同じくらい重要な天気予報であれば、それで問題ないだろう。しかし、宇宙に適用するとなると、銀河でさえ宇宙全体と比べて途方もなく小さいため、グリッドのほとんどが無駄になってしまう。

広大な砂漠に点在する、いくつかの都市の地図を想像してみてほしい。観光客は、砂漠に都市と同じだけのスペースを割いてしまった地図製作者に感謝することはないはずだ。紙面の大半を何もない砂漠が占め、都市は紙面上ではちっちゃすぎて細部に欠けている。同様に、グリッドをもとにした宇宙シミュレーションは、広大な空っぽの空間の描写に全力を費やし、銀河の重要な細部を描く余地を与えない。

この問題は、ダークマターには影響しない。ダークマターはスマーティクルを使って追跡される。スマーティクルは「グリッドにはお構いなしに、シミュレーション空間を飛び回る物質の塊」を指す。ダークマターがないところにはスマーティクルはない。だから、コンピュータは何もない超空洞（ボイド）について計算して時間を無駄にすることはない。

ガスを取り込む場合にも、同様に効率的な戦略が可能だ。固定されたグリッドを使う代わりに、ガスを新しいタイプのスマーティクルに束ねることができる。それはダークマターの時のスマーティクルに似ているが、重力だけでなく圧力も感じる。そのためには、新しいガスのスマーティクルがどのように動くかを指示するために、気象シミュレーションの基礎となっているナヴィエ＝ストークス方程式をうまく当てはめる必要がある。

最初の方程式は保存に関するもので、満たすのは非常に簡単だ。それぞれが一定の質量を持つ、一定数のガスのスマーティクルを使うことで、シミュレーションは、何も無から現れたり消えたりしないことを保証できる。力は少し難しいが、それでも組み込むことは可能だ。コンピュータはスマーティクルの周囲を探索し、近隣からの圧力と、重力による引力の競合を見つける。第三の方程式はエネルギーについて説明するもので、スマーティクルが運ぶ熱を追跡し、それに応じて周囲のスマーティクルに与える圧力を調整することが必要になる。

これらの法則を組み合わせると、先に天気について説明したのと同じような、複雑な渦巻き運動が生まれるが、その運動はグリッドではなく、スマーティクルで表現されるようになる。この新しいアプローチの先駆者の一人であるジョー・モナハンは、これを「滑らか粒子流体力学」[22]（smoothed particle hydrodynamics、SPH法）と名づけた（訳注：滑らか粒子流体力学は、連続的につながっている流体を、粒子の集団に置き換えて計算する手法）。

再出発の時

モナハンは銀河全体ではなく、個々の星や惑星の内部の方に興味を持っていた。彼は、この新しい手法を使ったシミュレーションを率先しておこない、星や惑星の構造、地球の月の形成、ブラックホールが周囲から物質を吸い上げる方法（この話題は第四章でふたたび取り上げる）[23]などに応用することで、この手法が柔軟で信頼できることを証明した。

これは比較的小さなスケールの現象の詳細な研究であったが、この技術は普遍的な枠組みを持っていた。どのような応用においても、最も必要な部分にコンピュータの計算を集中させることができたのだ。

コスモロジストたちがこの手法に注目したのは、一九八〇年代の後半だった。ちょうど、モナハンが火山噴火や津波をモデル化し、ミノア文明の滅亡にそれらが果たした役割の可能性を探るのに忙しかったころである。[24]

このアプローチは、海洋学、生物学、医学、地球物理学、アカデミー賞受賞映画の特殊効果、コンピューターゲームなどに応用された。ひとたびコスモロジストたちがそれに気づき、一九九〇年代初頭にコンピュータの能力が向上すれば、現実の銀河と同じように、シミュレーション銀河を形成することに何の障害もなくなるはずだった。一握りの抽象的な数値の代わりに、新しい銀河は、目に見えて渦巻くガスと星で構成されるのだ。

この強力な技術は、一九九五年のハッブル・ディープ・フィールドの発見に先立ち、すでに試されていた。しかし、最初の結果は悲惨なもので、天文学者たちの懐疑心を煽《あお》るものでさえあった。[25]

私たちが知っているような、さまざまな形や大きさの銀河ではなく、シミュレーションでは、密集し、混雑し、せめぎ合う星の集団が生まれたのだ。[26] 現実の宇宙と比べると、個々の銀河は明るすぎ、密集しすぎていた。

さらに悪いことに、シミュレーションでは、私たちの天の川銀河のような銀河は、長い合体の歴史の名残りで、明るく輝く何百ものミニ銀河に囲まれているだろうと予測された。[27] これらのいわゆる衛星銀河は、現実にははるかに稀《まれ》だった。実際に目撃されたミニ銀河は、ほんの十数個に過ぎなかったのだ。

二〇〇〇年代初頭、私が大学の講義室に座っていた頃には、研究者のあいだで意見が割れていた。冷たいダークマターはその価値を証明し、ほとんどのコスモロジストはそれが正しい方向に向かっていると確信していた。

実際、それは私たちの授業カリキュラムの中核をなしていた。しかし、相当数の研究者が、何かが深刻に間違っているのではないかと心配していた。何十もの科学論文が、宇宙論の基礎が不充分だという悲惨な警告を発した。改良されたシミュレーションは、すべてを良く見せるはずだった。ところが、銀河スケールの問題が山積みになっているように見えたため、当時の論文の多くは「宇宙の危機」について声高に語っていた。[28]

ある銀河の専門家はニューサイエンティスト誌に、暗黒宇宙の信奉者たちは「今や、かなり空想的になっている」と語り、宇宙論の基本をすべて捨て去り、再出発する時が来たと断言した。[29]

厚焼きピザへの進歩

誰もがこのような危機感に包まれていたわけではない。二〇〇五年の学会で、後に私の共同研究者となるファビオ・ゴヴェルナートは、彼のシミュレーションによる銀河の画像を見せて、すべてがうまくいっていると宣言した。[30]

このような画像を作成するには、星からどのように光が発生するかを計算し、ガスや塵《ちり》を通過する光をたどって影の影響をチェックし、仮想宇宙で銀河が遠くの望遠鏡からどのように見えるかを調べる必要がある。現実との視覚的な比較が即座にできるため、労力を割く価値がある。

ゴヴェルナートは、冷たいダークマターでまだ銀河を理解できると楽観的で、シミュレーションの可視化を使ってその方法を示した。銀河の円盤の明るさはちょうどよく、その中心を回る小さな衛星銀河の数もちょうどよかった。この改善は、着実に向上する解像度と、後で説明するフィードバックへの新しいアプローチの結果だとゴヴェルナートは語った。

しかし、私には、さほど進歩がないように見えた。円盤はぼんやりと銀河に似ているが、天文学者が日常的に撮影している渦巻き銀河の傑作とは似ても似つかない。シミュレーションされた銀河は、どこかプヨプヨしているように見えた。横から見るとカミソリのようで、細い光の線に見えるほど平らな、本物の銀河とは大違いだ。

その日の学会のランチは、たまたまアメリカン・スタイルのピザだったのだが、私はイタリア人であることを誇りに思っているゴヴェルナートに、彼のシミュレーションは、ピザで言えば、薄皮の美しさではなく、厚皮の怪物のように見えてやしないかと尋ねた。彼は少しムッとしたようだったが、他のシミュレーションでは（厚皮どころか）丸っこいパン生地しかできなかったのだと説明してくれた。私たちはすぐに意気投合した。

その年、ゴヴェルナートのシミュレーションは、より本物に近いシミュレーション銀河を作る、数少ないシミュレーションの一つとなった。私の注意を引いたファジーさは予想どおりだった。

スーパーコンピュータは当時、写真画像に見られるような、シャープで詳細な情報を再現できるほど高性能ではなかったのだ。つまり、丸っこいパン生地から厚焼きピザへの進歩は成功と呼ぶにふさわしく、一部の人々が主張していたようなダークマター理論の変更や廃棄など必要なかったのである。その代わり、星の熱と光のエネルギーがガスに蓄積される、フィードバックが重要だったのだ。

滑らか粒子流体力学シミュレーションにフィードバックを含めても、最初は効果がないことがわかった。一九九二年の時点で、星からの大量のエネルギーが含まれていたにもかかわらず、できあがる銀河にはほとんど影響を与えなかった。[31] これは間違いなく残念なことで、当初はこれをどう評価すべきかがまったく見当がつかなかった。スマーティクルにもとづくアプローチを開発した主な動機は、フィードバックを正しく得ることだった。

流体力学の法則と組み合わせれば、シミュレーションされたエネルギーは、星の形成を遅らせ、銀河を形成しやすくすると期待されていた。だが、エネルギーがほとんど影響しないとなると、期待は楽観的過ぎたのかもしれない。

二〇〇〇年代初頭、ゴヴェルナートを含むシミュレーションの専門家たちは、結局のところ、フィードバックは重要であり、シミュレーションのエネルギーを支配するルールには再考が必要だと考え始めた。[32] エネルギーを蓄積し、その結果を流体法則で計算するのではなく、エネルギーの効果を最大化するためのサブグリッド規則を導入することにしたのだ。

サブグリッドの必要性

それはバカバカしく非科学的に聞こえる。結果が思わしくなかったからと言って、シミュレーションのコードを変更するなんて。しかし、そのような考え方が動機の一部となった一方で、星とガスの相互作用を正しく捉えるために必要な、細部までピンポイントで再現できるシミュレーションなど存在しない、という現実も次第に明らかになってきた。

星は銀河の約一兆分の一の大きさのため、現実には非常に局所的に熱を放出する。一九九〇年代のシミュレーションでは、星からの影響は、最も近いガスのスマーティクルを通じて広がっていた。それは、銀河全体よりもかなり小さいとはいえ、星や超新星の大きさよりもはるかに大きな領域だった。エネルギーが洗い流されたのは、局所的な強い影響をコンピュータで表現することができなかったからだ。

ゴヴェルナートのチームは、他の数チームと共に、この問題点を解決することにした。強烈な加熱効果の大まかな計算にもとづき、彼らは各スマーティクルの中でエネルギーがどのようにふるまうべきかを計算し、対応するサブグリッド規則を改良した。[33] この改良によって、フィードバックが重力を打ち消すようになり、ラーソンが言っていたように、新しい星が形成されにくくなった。[34]

微調整可能なサブグリッド規則の必要性は、銀河が数個の数字で構成されていた、ティンズリーとラーソンの最初の挑戦のときには明らかだった。しかし、今日、洗練された滑らか粒子流体力学シミュレーションでさえ、コンピュータの解像度にどうしても限界があるため、カスタマイズされた規則が必要なことは明白だ。

この改良に成功したことで、ゴヴェルナートは、二〇〇五年の会議で、単なる静止画像ではなく、彼のシミュレーションした銀河がどのように組み立てられたのかについて、印象的な動画を披露することができた。究極のタイムラプスビデオのように、数十億年の歴史が数分間にわたって再生され、聴衆全体が銀河の構築過程を直感的に感じることができた。

このような動画を作るには、何千枚もの画像を生成し、それを次々と再生して、動きのある印象を与える必要がある。二〇二〇年代のシミュレーションのプロにとってはごく日常的なことだが、当時はワクワクするような目新しさだった。できあがった映像は美しく、シミュレーションが歴史について何を語っているかを理解するのに役立つ。

典型的な動画は、微かな宇宙の網の目の線がゆるやかに現れる暗い宇宙から始まる。そしてこの網に沿って、小さな光の火花が点火し、最初の星が形成される。最初の星が数百万個、数十億個と増えてゆくにつれて、個々の光の点は大きくなり、明るさも増してゆく。重力が強まるにつれて、光の島は隣の星に引っ張られ、合体し、最終的には現在の宇宙のような、より大きな銀河を作り上げる。

しかし、これはピクサーのおとぎ話以上のものだろうか？

シミュレーションされた銀河が現代でほぼ正しく見え、銀河の集まりが人目を引く映画としてドラマチックに描けるからといって、現実の宇宙の銀河がこのように構築されたとは限らない。星とガスの運動は、確立された物理学によって規定されているはずなのだ。

しかし、結局のところ、厄介で議論の余地のあるサブグリッド規則から逃れることはできなかった。もしシミュレーションが信頼できる確立された物理学だけにもとづいていないのだとしたら、最終的な分析において、シミュレーションの映画は私たちに何を教えてくれるのだろうか？

科学において重要なこと

科学とは、その核心において、正しい説明ではなく、検証可能な説明を与えることである。

私の博士課程の指導教官であったマックス・ペッティーニは、主に観測天文学の研究者だったが、シミュレーションが発展するのを傍観していた。そして、私にゴヴェルナートの動画の歴史を現実と比べてみてはどうかと勧めた。

人間の一生にわたり、空の見え方はほとんど変わらない。宇宙は数百万年から数十億年かけて変化するので、私たちは、現実の銀河が組み上がる様子を見ることはできない。しかし、少なくとも光の旅の遅れを利用して、現実の十億年前、五十億年前、百億年前の銀河を見ることはでき銀河を見ることはできる。そして、一九九五年にハッブル・ディープ・フィールドが、銀河がいつも同じ形をしているわけではないことを明らかにした。

シミュレーションによれば、私たちの天の川銀河のような規則正しい銀河は、初期の宇宙の網の目に沿って点在する、光の火花のような、小さなミニ銀河が集まってできたものだという。問題は、これらの小さな破片は、一つひとつが暗すぎて、過去に遡るのに必要な距離まで離れると、見ることができない点だ。これが、ハッブル・ディープ・フィールドが空っぽな理由だと言われている。

宇宙望遠鏡でも、直接見ることができるのは、最も例外的な銀河、つまり私たちの銀河よりもはるかに大きな巨大銀河に限られる。遠くの小さな銀河が合体するという話を直接検証するのは難しい。しかし、そのような検証なしに、シミュレーションが正しい物語を紡ぎ出していると確信することは不可能だ。

銀河の影を探す

ペッティーニはこのような問題を上手に回避する専門家だ。彼は望遠鏡を使って銀河そのものを探すのではなく、その「影」を探すことにした。宇宙にはクエーサーと呼ばれる非常に明るいビーコンが点在している。クエーサーについては次の章で詳しく説明するが、今のところ重要なのは、その並外れた明るさだけだ。

クエーサーの光は宇宙全体から見えるので、私たちに届くまでに、光はあらゆる空間と時間を旅してきたことになる。たまたまミニ銀河にぶつかると、たとえそのミニ銀河に星がほとんどなくても、その中のガスが影を作る。

ありがたいことに、ガスは光を完全に遮るわけではない。むしろ、銀河の化学組成によって、非常に特殊な色を遮るのだ。天文学者がクエーサーからの光のスペクトルを作成するとき、ある小さな色の帯が欠落する。これらの欠落した帯は「吸収線」と呼ばれている。

その結果、光が宇宙を通過する途中で、一つ以上の銀河を通り抜けたことがはっきりとわかり、その古代の銀河の内部に何があるのかについて、洞察《きづき》が得られる。私たちは、たとえ銀河が薄暗くてもメッセージを受け取ることができる。背後にあるたった一つのビーコンが明るければいいのだ。

　私が博士号取得のために取り組んだ研究は、このような銀河集団の影のような痕跡が、ゴヴェルナートのシミュレーションによって正しく予測されているかどうかを調べるものだった。最初の数ヵ月は、大きなコンピュータを使えたこともあって、楽しみながらシミュレーションをやっていた。私は、シミュレーション銀河の吸収線を予測するためのコンピューター・コードを書き始め、天文学者が見る典型的な吸収線と比較できるようにした。

　一方、私はシミュレーションが実際にどのように機能するかを学び、懐疑的に感じ始めていた。ダークマターとダークエネルギーも気に入らなかったが、この頃には、それらの存在を示す証拠がかなり強力であることをしぶしぶ受け入れていた。そこに、宇宙のガスは巨大なスマーティクルで表現できるという仮定が加わった。少なくとも、これは信頼できる流体力学の三法則に基づくものだが、それでもコンピュータが処理できないような小さなスケールの細部はすべて消し去ってしまう。

　最終的に、サブグリッドが、シミュレーションが他の方法では対処できない部分を受け持ち、欠けているものすべてを不完全な形で置き換え、現在の仮想銀河が合理的に見えるまで微調整する。それは不安定に思われ、私は、そもそもシミュレーションに意味があるのかどうかということばかり気にするようになった。

何千行ものコードを書いたが、有益な結果が得られなかったので、私はうんざりし、別のプロジェクトに切り替えてくれるよう指導教官のペッティーニに相談した。私は一年の大半をほとんど関係のない研究に費やした（これについては第六章で触れる）。しかし、結局、これまで書いてきたコンピューター・コードを無駄にするのは愚かだと悟り、シミュレーションに戻った。

私の猜疑《さいぎ》心は、シミュレーションと現実のあいだの悲惨な食い違いが見つかるだろうと予想していた。シミュレーションは陳腐なものだと自分に言い聞かせていたからだ。

驚くべき結果

だが、驚いたことに、シミュレーションは現実と一致していた。長いあいだ、天文学者を悩ませていたことまで説明できたのだ。その悩みとは、次のようなものだ。遠くの太古の影を観測したところ、重い元素がほとんど検出されなかった。炭素、酸素、鉄、ケイ素の濃度は、天の川銀河に存在する濃度の三〇分の一以下だったのだ。このような重要な原子の不在は、シミュレーションでも同様であり、私たちはその理由を示すことができた。

重い元素は星の中で製造されるが、初期宇宙の影のような、ミニ銀河では、あまり製造されないのだ。その後、銀河が合体してから、重い元素がたくさん作られ、私たちが住んでいるような岩石質の惑星の中で見つかるようになる。

私は今でも、このような現象がすべて解明され、理にかなっていることを目の当たりにしたときの衝撃を覚えている。

リチャード・エリスが一九九八年に警告した、シミュレーションのフィードバック規則は観測に合うように微調整できる、という言葉は正しく、私はそれを心に留めていた。しかし、現代の銀河の最も薄暗く遠い断片を目立たせ、銀河創造の物語の異なる側面を表している、「影」を再現するために、誰も規則の微調整などしていなかった。

したがって、シミュレーションは、その分野で本物の予測を自由におこなうことができた。そして、その予測は現実を見事に説明することができた。シミュレーションは驚くほど正しい。欠点はあるにせよ、真実に近い物語を紡ぎ出すことができたのだ。

シミュレーションが明らかにした物語

私自身の経験で、シミュレーションに驚かされた例をもう一つ挙げよう。

コンピュータの性能が上がれば、シミュレーションの解像度も上がり、銀河がよりリアルになるはずだ。二〇一〇年、私はシアトルのゴヴェルナートを訪ねたとき、彼の最新のシミュレーションの動画を見せてもらった。そこでは、フィードバックが予期せぬ結果を見せていた。ガスが星を形成しようとするのを抑えるはずのエネルギーが、暴力的になり、ガスを銀河の何千光年も外へと押し出していたのだ。これは、サブグリッド規則自体に変更が加えられたからではなく、解像度が上がったことで、星のエネルギーの爆発力がさらに大きくなったためである。

本当に驚いたのは、このガスが銀河から爆発によって出てゆくとき、ダークマターも一緒に引きずっているように見えたことだ。一九九〇年代以来、天文学者たちは、実際の銀河、特に最も小さな銀河の中心部にあるダークマターが、シミュレーションの予測よりもわずかに少ないのではないかと心配していた。しかし今回、新しいシミュレーションがそれを説明できるようになった。シミュレーションと現実の不一致は、ダークマターを信用しない理由とされてきたが、それが修正されたのだ。私たちはその原因を探ることにした。

ダークマターのふるまいを変えるために、シミュレーションに追加されたものは何もなかったので、既存の物理学とサブグリッド規則の組み合わせで、解像度を上げた結果、予期せぬことが起こったのだろう。一週間かけて、ゴヴェルナート行きつけのヒップスター御用達の店でミーティングを重ね、シミュレーションを詳細に分析した結果、小さな銀河では、ガスがただ出てゆくのではなく、押し出されてはまた戻って来るということを何度もくり返していることに気づいた。

そのたびに、ガスはベルトコンベアーのように少しずつダークマターを運び出し、結果として、効率よくダークマターを掘り出す。私たちは、現実の宇宙に存在する小さな銀河も、星を形成し、ガスを吹き出し、そしてガスが戻って来るあいだ、じっと待っているという、このくり返しのサイクルを経るに違いないと主張する論文を書いた。[35] この予測は、のちに観測で確かめられた。[36] このようなプロセスは何百万年、何十億年も前に起こっていたのだが、現実に観測される前にシミュレーションによって予測されたのだ。

このようなシミュレーションの結果こそが、シミュレーションを意味のあるものにする。シミュレーションから得られた結果を額面通りに受け取るべきではない。なぜなら、私たちはコンピュータの中に銀河を押し込めるためにズルしたことは否定できないからだ。しかし、現実の宇宙と一致するような予測を立てることができれば、シミュレーションが明らかにした物語に確信を持つことができる。

筋書きはこうだ。少量のガスを引き寄せて、最初の星を作ることによって、ダークマターは、すべての創造の鍵を握っている。その結果、ミニ銀河が衝突・合体し、ふたたびダークマターの重さに導かれながら、次第に大きな構造へと変化してゆく。そのあいだ、星の世代が死ぬたびに、成長を続ける銀河は、炭素や酸素のような元素の供給量を増やしてゆく。

やがて、私たちの星の周りには、岩石質の惑星が形成されるのに充分な量の物質が存在するようになる。ダークマターが星を形成し、星が作る元素を重力でしっかりと摑んでいなければ、私たちはここにいなかっただろう。シミュレーションは、私たちの存在そのものが、目に見えないものに依存していることを教えてくれた。

創世記を書き換える

ティンズリーが論文を書いてから六十年、ホルンベルクが研究室を暗転させてから八十年以上が経とうとしているが、両者の先駆的な方法論を組み合わせた銀河シミュレーションは、日常的なものとなっている。コンピュータの性能が向上し、シミュレーション・コードが改善されるにつれ、私たちは宇宙の光の島々について、より多くのことを学び続けている。

ダークマターは不可欠な成分だ。その重さは、重力を通じて、（星を生み出す燃料である）ガスを逃さないようにする。ガスそのものに関しては、流体力学のおなじみの三つの法則が適用されるが、コンピュータの労力を最も必要なところに集中させるために、計算トリックを組み合わせる必要がある。そして最後に、星からのエネルギーは、銀河が自らの形成を制御するように、サブグリッド規則を使って注意深く追跡される。それがなければ、コンピュータの宇宙は、まばゆいばかりに明るくなり、私たちの住むまばらで暗い宇宙とはまったく一致しなくなってしまう。

シミュレーションは折衷的な処方にもとづいている。信頼できる物理学、計算トリック、そして私たちが知っている現実に合わせた調整。シミュレーションの結果から、予測や説明を組み立てるには、このようにさまざまな特徴が混在しているため、注意深く専門的な知識が必要になる。シミュレーションから直接、現実への知見が得られるように見せるのは簡単だが、それは単純すぎる考えであることはもう明らかだろう。

何が予測なのか、何が仮定なのか、何が信頼できるのか、何がそうでないのかを見極めるには、それなりの専門知識が必要であり、しばしば議論を呼ぶことになる。シミュレーションなんて、何も教えてくれやしないと、疑問視する専門家も少数だがいる。

気持ちはわかるが、私は、シミュレーションに対する懐疑的な見方は的外れだと思う。ティンズリーの先駆的なシミュレーションは、銀河の成長や星形成を制御するメカニズムが解明されるずっと前に、宇宙論に革命を起こすことができた。

彼女の名人芸は、シミュレーションが有用であるためには、文字どおり正しくある必要はないと、開き直った点にある。現代のシミュレーションは、宇宙の歴史を完璧に再現するにはまだほど遠いが、私たちの宇宙の現在と過去について予測を立て、その多くが正しいことが判明している。私は、自分自身の経験から、さまざまな洞察《きづき》の意味がわかるようになり、熱狂的なファンから懐疑論者になり、一周して、またファンへと戻ってきた。

少なくともシミュレーションは、銀河がどこでなぜ生まれたのかについての、首尾一貫した説明に、ダークマターとダークエネルギーを織り込めることを証明している。その物語は、私たちの宇宙の最も初期の瞬間、想像を絶するほど広大な宇宙の網の目、そしてその中にある銀河、星、惑星をつなぐものだ。強力な望遠鏡が見せてくれたものを考えると、少なくとも概略は正しい可能性が高い。シミュレーションが達成したものを軽んじるべきでない。サンデージが夢見た以上に正確に、私たちは創世記を書き換えているのだから。

「うまくいかないこと」の重要性

しかし、同じように、科学において完全に決着がつくことはなく、現在受け入れられているすべての考え方は、時間の経過とともに修正される可能性がある。シミュレーションでうまくいかないことを見つけるのは、うまくいっていることを称賛するよりも大切だ。現代の宇宙論における小さな亀裂は、ダークマターのような発想を再発明したいと望む独創的な理論物理学者たちに希望を与える。今のところ、ほとんどの亀裂は、サブグリッドを改良することで埋められているが、それが永遠に続く理由はない。あるとき、私たちは、宇宙の構成要素を見直すことによってのみ説明がつく「何か」を見つけるかもしれないのだ。

天文学者や宇宙のシミュレーションをする研究者が、まだ明確に説明できないことはたくさんある。その筆頭が銀河の種類の多さだ。大きな銀河もあれば小さな銀河もある。銀河は、それらを包んでいるダーク・ハローの大きさに応じて増減するので、さほど驚くことではない。不思議なのは、新しい星を作り続けている銀河（私たちの天の川銀河がその例だ）もあれば、そうでない銀河もあることだ。

このような違いはどのようにして生まれたのだろう？

一九九五年のハッブル・ディープ・フィールドは、時間とともに銀河がどのように変化していくかを垣間見ることができたが、現代風に言えば、それは非常に小さな事業であり、最も例外的に明るい銀河が数千個含まれているだけだった。二〇〇〇年に始まったスローン・デジタル・スカイ・サーヴェイのような自動望遠鏡は、何百万もの銀河の情報を蓄積してきた。

銀河の大きさ、色、形、質量、化学組成、年齢、明るさ、自転速度など、想像しうるあらゆる点で、銀河が多様であることが判明した。天文学者たちはまだ、そのような多様性を理解し始めたばかりである。多様な特徴は光に証拠を残し、シミュレーションによる画像や動画と比較できる。

二〇二〇年代には、ジェイムズ・ウェッブ宇宙望遠鏡が、ハッブル宇宙望遠鏡よりもさらに過去に遡った宇宙の写真を私たちに見せてくれるだろうし、（ダークマターのパイオニアにちなんで命名された）ヴェラ・C・ルービン天文台は、私たちに最も近い二〇〇億個の銀河についての情報を集めるだろう。

すでに分かっていることが多いにもかかわらず、これらのプロジェクトは新たな驚きをもたらすかもしれない。用心するに越したことはない。ハッブル・ディープ・フィールドが教えてくれたように、新しいフロンティアで何が発見されるかを完全に確信するのは非常に難しい。少なくとも、二〇三〇年までに、銀河形成のストーリーは、現在私たちが持っている輪郭よりもずっと豊かでニュアンスのあるものになるだろう。

私たちが発見する二〇〇〇億個の銀河は、二つとして同じものはないだろう。われわれが知る限り、銀河は同じ物理法則によって作られている。だから、その違いは初期条件の違いによる。つまり、初期宇宙において、それぞれ微妙に異なっていたのだ。この違いについては第六章で詳しく述べるが、それはとてつもなく小さく、微妙なものだ。

初期の微小な差異が、今日のような栄光に満ちた無限の多様性にまで拡大されたことを説明できるだろうか？

シミュレーションにはまだ含まれていない膨大な物理的影響があり、それが、どの銀河も他の銀河とまったく同じではないことを保証する一因になっているかもしれない。銀河形成シミュレーションの会議に出席すれば、磁場、宇宙線、恒星風、宇宙塵《じん》など、サブグリッドの難解な詳細に頭を悩ませる物理学者たちの姿を目にするだろう。

しかし何よりも、私がまだ言及していない、ある銀河を滅ぼし、他の銀河を繁栄させる可能性を秘めた、気まぐれな要素がある。それは、理論物理学のスーパースターであり、小学生から数学教授までを唸《うな》らせる、宇宙で最も偉大なエネルギー源である。

そう、これからお話しするように、ブラックホールなしでは、銀河は成り立たない。

4章

ブラックホール

ブラックホール

原理的には、ブラックホールの発想はわかりやすい。それは、空間の一部に物質がぎっしりと詰まり、重力が暴走して、圧倒的な強さで物質を引き寄せ、押し潰したものだ。ブラックホールは、その内部のものを宇宙に逃がさない。光さえも逃さない。だから、ブラックホールは「黒」とみなされるのだ。

私は学部生のころ、ブラックホールについて学ぶのが好きだった。このテーマは、物理学と数学をうまく組み合わせれば、宇宙についていかに深く学べるかを、究極の形で教えてくれる。教科書的な歴史では、アルバート・アインシュタインが一九一五年に新しい重力理論を考え出し、カール・シュワルツシルトという物理学者が一九一六年にその理論がブラックホールの存在を示唆していることに気づき、天文学者たちが探し始めたとされている。

しかし実際には、ブラックホールに対する理解が深まるまでには数十年を要した。時間がかかった理由の一つは、充分に洗練されたシミュレーションを待たねばならなかったからだ。ブラックホールが宇宙に及ぼす重大な影響について、私たちが理解できるようになったのは、ごく最近になってからなのだ。

ＳＦのマクガフィンのように見えるかもしれないが、ブラックホールは実在する（訳注：マクガフィンは、泥棒映画の宝石やスパイ映画の機密書類のように、物語の導入に使われる物や出来事を指す）。定義上、光を逃がさないものを見ることはできない。だが、強力な望遠鏡を使えば、ブラックホールの近くのガスや星を監視することが可能で、巨大な重力の存在が明らかになる。さらに驚くべきことに、ブラックホール同士が衝突すると、静かな池に小石が落ちた時に生まれる波紋のように、空間に歪《ゆが》みが生じて外側に広がる。この「重力波」は宇宙を遠くまで伝わり、現在では地球を通過する重力波が検出されるようになった。

というわけで、この十年間で、ブラックホールは合理的な疑いを超えて実在することが証明された。二〇一七年と二〇二〇年のノーベル物理学賞は、証拠の積み重ねに貢献した、合計六人の先駆者に授与された。そのうちの二人、アンドレア・ゲズとラインハルト・ゲンツェルは、太陽の数百万倍の質量を持つ壮大なブラックホールが、まるで威嚇するかのように、私たちの銀河系のど真ん中に鎮座していることを発見した。天文学者はこれを「超大質量ブラックホール」と呼ぶ。

このような巨大ブラックホールは、次第に私の研究の主要テーマになってきた。というのも、ほとんどの銀河は、その中心にブラックホールを抱え込んでいるように見えるからだ。ブラックホールがいったいどこから来たのかは、シミュレーションによって解明されるかもしれない未解決問題の一つだが、その一方で、ブラックホールが何十億年ものあいだ待ち構え、自らを育《はぐく》んだ銀河を突然殺してしまう可能性があることもわかっている。ブラックホールの直接的な引力は、さほど問題ではない。ブラックホールの重力の影響が大きいのは、近くで見た時だけだ。ブラックホールのもっと広い意味での危険性は、強烈な放射線ビームを発射し、親銀河の中心からガスを引きちぎって、次世代の星のために必要な燃料を奪ってしまう点にある（現存する星が衰えるにはまだ何十億年もかかるので、これは、ゆっくりとした死である）。

銀河とブラックホールの相互作用は、部分的にしか解明されていない。特に超大質量ブラックホールの半径は、親銀河の約五〇〇億分の一しかないため、コンピュータがブラックホールを正しく捉えるのは至難の業だ。この巨大な対比を考えると、ブラックホールを宇宙論スケールのシミュレーションに含める唯一の方法は、星と同じように、サブグリッド規則を設定することだろう。

あるいは、一時的に銀河のことは忘れ、コンピュータの計算を一つか二つのブラックホールに集中させることもできる。この場合、適切なスケールの特殊なグリッドを描くことができる。それでも、このアプローチでは、（アインシュタインの気の遠くなるような重力理論である）一般相対性理論を、コンピュータが扱えるようにするための狡猾《こうかつ》なトリックが必要になる。

一般相対性理論は検証済みの理論だが、いろいろと奇妙な結果をもたらす。たとえば、時間は誰にとっても同じではないし、物質が一点に集まって密度が無限大になるし、ブラックホールには、ワームホールと呼ばれる風変わりな「いとこ」がいて、理論的には宇宙のさまざまな部分を結ぶトンネルになりうるのだ。

このような不条理を真剣に受け止めるには、想像力の大きな飛躍が必要であり、それは第一次世界大戦の最中に始まった。

潰れる星

気象予報のパイオニアであるルイス・フライ・リチャードソンだけが、一九一五年の最前線で壮大なビジョンを持っていた物理学者というわけではなかった。塹壕《ざんごう》の反対側にいたカール・シュワルツシルトは、これ以上ないほど風変わりな人物だった。

控えめなリチャードソンとは異なり、シュワルツシルトは外向的で快活で、所長を務めていたゲッティンゲンの天文台では、騒々しいパーティーを催していた。[1] 平和主義者とはほど遠い彼は、兵役に志願したが、四十歳で政府の中枢で働いていたことを考えれば、本来、その必要はなかった。その後、最前線でミサイルの軌道を計算するなど、さまざまな任務に就いた。

シュワルツシルトは、星、そしてアインシュタインが一九一五年末に完成させた一般相対性理論に魅了されていた。一九一六年初頭までに、シュワルツシルトは、アインシュタインの理論を使って、星の周りの重力を記述する論文を二本書き、奇妙な結果を導き出した。星の密度の上限を計算したのだ。[2] シュワルツシルトは、もし太陽が半径三キロメートル（現在の大きさの四〇〇万分の一）以下に縮んだら、その強大な重力を支えられる力は自然界に存在しないので、このような小さな星は不可能だと報告した。[3]

これは彼が活動していた状況を考えれば迅速な仕事だった。戦争だけでなく、彼は天疱瘡《てんぽうそう》（痛みを伴う皮膚病変を引き起こす自己免疫疾患）も発症していた。研究が発表された一週間後、シュワルツシルトはこの病気の合併症で亡くなった。[4]

シュワルツシルトの計算はアインシュタインを唸《うな》らせたが、彼でさえ星の大きさの下限（そして密度の上限）の意味を理解できなかった。それは奇妙だが、さほど重要でないと思われた。どんな天体であれ、これほど劇的に縮小する可能性があるなどと考える物理学者はほとんどいなかったのだ。

星が本当にシュワルツシルト半径よりも小さく収縮し、残された物質が中心に押し潰され、光ですらも逃げ出せないことが明らかになるまでには、何十年もかかった。そう、このような星は「ブラックホール」になるのだ。

オッペンハイマーの推測

このような重要な結論が長いあいだ見過ごされてきたのは、意外に思われるかもしれないが、それは方程式を理解する難しさに起因している。アインシュタインの一般相対性理論の方程式は、一見するとエレガントで美しい記号で書かれている。

だが、見た目とは裏腹に、非常に複雑で、それぞれの記号は何層にも重なった数学操作を表しており、それは、まさに教科書全体を埋め尽くすようなものなのだ。シュワルツシルトは、安定した球状の星という特殊なケースについて方程式を解いたが、それはどちらかといえば数学の練習問題であり、物理学的に何が起きているかを理解するには、さらに考え抜く必要がある。

ダグラス・アダムス著『銀河ヒッチハイク・ガイド』では、コンピュータが「生命、宇宙、そしてすべてに関する大いなる疑問」の解答を弾き出す。その答えは「四二」だ（訳注：この四二という数字は著者が適当に選んだもので、深い意味がなく、ユーモアがあり、SFファンには有名）。たとえ誰も納得しなくても、機械はこの答えが正しいと主張する。アインシュタインの方程式を解くことは、「四二」に遭遇する状況に少し似ているかもしれない。

たとえ数学的に厳密な結果が得られたとしても、変数が複雑なため、その意味が不明瞭なままになってしまうことがある。一般相対性理論の数学は難しいが、その解釈はさらに難しい。

星が本当にシュワルツシルトの臨界半径まで潰れて、宇宙空間に本物のブラックホールが形成される可能性を真剣に検討したのは、物理学者のJ・ロバート・オッペンハイマーと彼の学生ハートランド・スナイダーが最初だった。一九三九年当時、オッペンハイマーは一〇人ほどの学生を抱え、それぞれが異なるテーマに取り組んでいたが、彼の大きな才能の一つは、普通とは異なる興味深い探究の糸口を見つけることだった。[5]

彼はスナイダーに、「エネルギーを使い果たした星の最終的な運命」を調べるよう指示した。一見、難解そうに見えるが、オッペンハイマーはその答えが理論物理学に重大な影響を与えるだろうと推測したのだ。

通常の星は、内側に引っ張る重力と外側に押し出す圧力とが、絶妙なバランスを保っているが、必要な圧力は高温でしか発生しないため、核燃料が燃え尽きると、星は急速に冷えてバランスを失う。オッペンハイマーとスナイダーは、圧力が完全になくなると、星は内側へと崩壊し、シュワルツシルトの臨界半径よりも小さくなることを示した。「このような星は、遠方の観測者とのコミュニケーションから自らを閉ざそうとし、重力場だけが持続する」と、彼らは書いて、ブラックホールの特徴を初めて説明した。[6]

戦争に翻弄される物理学者たち

しかし、話はこれで終わりではなかった。

というのも、星がその圧力をすべて失うという考えは、単純化し過ぎだからだ。オッペンハイマーの別の教え子は、条件さえそろえば、死んだ星が爆発し、原子核の圧力に支えられた、高密度だがまだ目に見える「中性子星」を残すかもしれないことを示した。[7] 星の真の運命は、死にかけた星のさまざまな部分がどのように互いに押し合っているかという、泥沼のような詳細にかかっていた。このような状況は、シミュレーションによって分析するのが最適だが、当時は一九三九年で、コンピュータはまだ利用できなかった。

第二次世界大戦の勃発により、ブラックホールを理解するための研究は急停止を余儀なくされた。オッペンハイマーを含む専門家のほとんどは、さまざまな熱意を持って、マンハッタン核兵器計画に巻き込まれていった（オッペンハイマーは重要人物であったにもかかわらず、多くの同僚よりも兵器開発に対して両義的であったようで、FBIからは大きな疑念の目で見られていた[8]）。

終戦後、核爆弾の計算や気象予測をおこなうENIAC《エニアック》が作られたので、大質量星の運命を決定できたかもしれなかったが、物理学者たちは、今度は、冷戦の始まりと水素爆弾の開発ラッシュに縛られてしまった。その結果、大質量星の運命を探るシミュレーションが試みられるまでに、二十年の時が経過した。

奇妙な運命のいたずらで、核戦争の予感から、星の死を理解することが必要になったのだ。

星の死が核戦争を生む!?

戦争と宇宙の関係は一九五五年に明らかになった。米国、英国、ソ連が大気圏での水爆実験を開始し、人体への影響が懸念された。ローレンス・リバモア国立研究所の核兵器専門家スターリング・コルゲートは、米国務省から核実験禁止条約交渉のコンサルタント役を依頼された。[9]
コルゲートは、まったく異なる経歴を歩んでいた可能性がある。彼の父と叔父たちは有名な歯磨き粉会社を設立し、急成長を遂げていたのだ。[10] しかし、小さなロスアラモス・ランチ・スクールで学ぶうちに、彼は物理学に興味を持つようになった。
偶然にも、一九四二年、アメリカ陸軍が核兵器の秘密研究所を設立するために、学校を丸ごと買い取ったのだ。コルゲートは異変が起きていることを察知した。有名な物理学者たちが、偽名を使いながら、キャンパス内をうろついているのを目撃したのだ。彼らの顔は、学校の教科書に載っている写真ではっきりとわかった。[11] そして十年後、彼自身もこのプロジェクトの主要な物理学者となる。

コルゲートは条約顧問の立場から、水爆実験を禁止するためには監視と強制力が必要だと考えていた。しかし、太陽系のはるか彼方で死にかけた星々が爆発すれば、大気圏上層部に、爆弾とよく似た放射線の閃光《せんこう》が発生するかもしれない。このような宇宙の閃光は、本来は爆弾よりもはるかに明るいが、遠大な距離のために暗くなり、宇宙空間で兵器と誤認され、誤った警報が発せられるかもしれない。

彼がこの懸念を交渉団と共有したとき、「ソ連代表団のあいだには少なからず動揺があった。実際、大きな動揺だった。この考えは彼らを完全に驚かせた」[12]。誤解がエスカレートした場合の致命的な結末は、想像を絶するものなので、深宇宙での星の死が、地球上空での爆発とどのように異なるのかを理解することが、きわめて重要になった。

物理学的な内容が同じであったため、コルゲートは、既存の兵器シミュレーションを再利用するチームを招集した。爆弾の爆発であれ、崩壊する星であれ、彼らのシミュレーションは、同心円状の入れ子になった、想像上の球体として問題を扱った。それぞれが他の球体を押しながら、内側または外側にどのように動くかを追跡したのだ。

厄介な三次元の問題を完全な球体に変換してしまうこの戦略は、本質的な詳細を見失う危険性をはらんでいたが、軍の強力なコンピュータを利用できたとしても、当時は他に選択肢がなかったのだ。

アインシュタインの方程式を組み込む

シミュレーションの結果、星が燃料を使い果たしたとき、その中心が崩壊し始めることが示された。ここまでは驚くべきことではなかったが、次に何が起きるかは、シミュレーションする星の質量に大きく依存する。もし星が充分に小さければ、原子の真ん中にある原子核が、互いに接触し始め、跳ね返ってくる。まるで小さな箱にビー玉を詰め込み過ぎて、はじき出されるようなものだ。巨大な衝撃波が生まれ、星の外層がほぼ光速で外側に押し出されるのだ。そう、「超新星爆発」である。

コルゲートは宇宙空間での爆発が軍事衛星に拾われるだろうと予測し、そのとおりであることが証明されたが、幸いなことに、正確な信号は、兵器によるものとは著しく異なることが判明した。[13] 宇宙空間に投げ出された層は、最初は非常に明るく輝き、時間の経過とともに消えてゆく。

かに星雲は、近くの超新星残骸の美しい例であり、中国と日本の天文学者によって昼間に観測され記録された。[14] この超新星は、爆発から千年経った今も、光り続け、冷え続け、周囲の宇宙空間へと広がっている。残された星は、質量がはるかに小さく、ちっちゃいが安定している。それは中性子星と呼ばれ、太陽の一〇〇兆倍以上の密度がある。

しかし、より大質量の星のシミュレーションでは、中心部のコアは収縮し続け、原子核の力でも押し返すことができなくなる。一般相対性理論は、密度がこれほど高くなると、ニュートンの古い重力理論からますます逸脱するようになる。そこで、研究チームのメンバーであるリチャード・ホワイトとマイケル・メイの二人は、アインシュタインの方程式をコードに組み込むことにした。[15] しかし、それでも星の崩壊を止めることはできず、充分に質量の大きな星は、中心部が収縮を始めてから一秒未満で「潰れる」ことが明らかになった。今やブラックホールは、アインシュタインの理論の自然かつ必然的な帰結であると思われた。

兵器のシミュレーションから崩壊する星のシミュレーションへの移行は、比較的単純で、問題なく進行した。しかし、重力波の発生を研究するために、二つのブラックホールの衝突を調べるという、次のステップが完了するには、二〇〇五年まで待たねばならなかった。相対性理論は複雑怪奇で、学ぶだけで何年もかかるし、マスターするにはそれこそ何十年もかかる。そして、複数のブラックホールをシミュレーションする場合、その最も奇妙な特徴が際立ってくる。

このようなシミュレーションを設計するために、なぜ相対性理論を完全に理解する必要があるのか？

その一端を知っていただくために、相対性理論の二つの特徴、すなわち、時間の伸び縮みと特異点の存在をご紹介しよう。

ブラックホールに落ちた宇宙飛行士は……

まず、シミュレーションの重要な要素である時間の経過は、ブラックホールを「どう見るか」によって決まる。メイとホワイトが開発したシミュレーションは、「不運な宇宙飛行士が、崩壊する星の表面と一緒に落ちてゆく」という視点で考えられている。

ところが、安全意識の高い天文学者が遠くから見ると、シミュレーションのシナリオは劇的に変わって見える。崩壊する星がシュワルツシルト半径（数キロメートル）に達すると、時間の流れそのものが乱れ、崩壊は凍りつくように減速し、星は視界から徐々に消えてゆくように見える。内側にある無限の圧縮の兆候は外にはない。ただ凍りついた暗い球体があるだけなのだ。

これは目の錯覚のように聞こえるかもしれないが、相対性理論によれば、ブラックホールに落ちた宇宙飛行士と、外側にいる天文学者とでは、時間の流れが実際に異なるのだ。物理学者たちは、地球の表面にある超精密時計と、地球のはるか上空を高速で飛行する航空機の中で六十時間を過ごした同一の時計とを比較することで、この効果をはるかに小さなスケールではあるが検証した。[16]

このような実験によって、どこにいるか、どのように移動しているかによって、時間の進み方が異なることが証明された。ゆえに、どのようなシミュレーションの結果であっても、時間の意味を区別するために、注意深く解釈する必要がある。

「特異点」は悪い知らせ

これだけでも充分混乱させられるが、相対性理論には、さらに厄介な帰結が待ち受けている。メイとホワイトのシミュレーションにおける落下物について考えてみよう。内側に向かって移動するものを止めることはできず、そのため、星はど真ん中に積み重なる。星が収縮して小さくなるにつれ、物質の密度と圧力は急上昇し、もはや意味のある計算ができなくなる。これが「特異点」である。

特異点は悪い知らせだ。

星の全質量を空間の一点に集めようとすると、関連する方程式は、その点の密度が無限でなければならないことを教えてくれる。無限は通常の算術法則に従わないので、コンピュータで扱うのは非常に難しい。

特異点では、無限大の圧力が物質を外側に押し出そうとする。だが、困ったことに、重力による抵抗も無限大なのだ。ここで、二つの無限の力が打ち消し合うとは仮定できない。数学者は、無限大から無限大を引いたものが、悲しいかな、ゼロではないことを知っている。結果は「不定」なのだ。

特異点のこの不可解なふるまいは、紀元前三世紀の中国の哲学者、韓非子がうまく書き残している。彼は、あらゆるものを貫くことができるほど鋭い矛《ほこ》と、絶対に貫くことのできない盾を売っている武器商人について書いている。

「その矛で盾を貫いたらどうなる?」

傍観者がそう挑発し、商人を唖然《あぜん》とさせたと言うのだ。[17] 特異点は、止められない矛が突き通せない盾に突き当たるようなもので、数学者は、追い詰められた営業担当者のように、次に何が起きるかを説明できない。シミュレーションのどこかに特異点があると、計算規則は役に立たなくなる。

メイとホワイトは、特異点が現れた瞬間にシミュレーションを停止することで、この問題に対処した。彼らの結論は、特異点が現れる瞬間までのマイクロ秒に関するものなので、問題はない。しかし今日、ブラックホールの存在を証明する最も有力な証拠は、二つのブラックホールが衝突したときに発生する重力波である。この波紋のシミュレーションには、衝突する数百万年前から存在していたブラックホールをコンピュータできちんと表現する必要がある。

そのためには、特異点がもたらす困難を回避するための、より洗練された方法が必要だ。その解決策のルーツは、これから取り上げる相対性理論の奇妙な予測にある。宇宙のある地点から別の地点への「どこでもドア」、すなわち、ワームホールだ。

SF的な解決策

現代のシミュレーションが特異点を回避する方法は、愉快なほどSF的だ。一九三五年、アインシュタインは若手研究助手ネイサン・ローゼンと共同で論文を執筆した。ブラックホールは物語の半分に過ぎず、ブラックホールの対《ペア》が、宇宙を通り抜けるワームホールの入口と出口として機能するかもしれないと提案したのだ。[18]

片方のブラックホール（＝入口）から入った線は、遠く離れた宇宙や、まったく別の宇宙への近道として、もう一方のブラックホール（＝出口）から出てくる可能性がある。特異点は、一見、謎めいた「宇宙のトンネル」に置き換えられる。

現実の宇宙で、ブラックホールがワームホールとして機能するかどうかは疑わしい。アインシュタインは、入口と出口のペアが生まれる具体的なメカニズムを提案していないし、崩壊する星からワームホールはできない。星が潰れたら、ブラックホールを一つ作るだけだ。

しかし、アインシュタインとローゼンは、ブラックホールをワームホールの入口に置き換えても、外から測定可能なものにはなんの変化もないことを数学的に示した。この球体は「事象の地平面」として知られている。なぜなら、その内部で起こるいかなる出来事も、外部の宇宙にはいかなる影響も及ぼさないからである。光さえも抜け出せないのであれば、外部にニュースを送ることもできない。ワームホールの入口であれ、特異点であれ、事象の地平面内で起こることはすべて事象の地平面内に留まる。

一九五〇年代、もともと原子物理学者であったジョン・ウィーラーが、ブラックホールの衝突シミュレーションにワームホールを利用したらどうかと、初めて提案した。

ウィーラーの興味は、自然の核融合炉である星への好奇心から始まった。しかし、オッペンハイマーの学生たちが崩壊する星について研究していることを知り、ブラックホールを理解することに夢中になった。

ウィーラーは、二つのブラックホールが衝突するような極端な現象が起きても、地平面の中の様子は明らかにならないことに気づき、シミュレーションの際、特異点をワームホールとして扱うべきだと考えた。そうすれば、問題のある無限大は取り除かれ、たとえブラックホールの真の内部が異なるふるまいをするとしても、外観はまったく同じに見えるだろう。

今日、シミュレーションの際には、特異点を切り取って、いわば「パンク」させた上でシミュレーションをおこなう。[19] ウィーラーは弟子のリチャード・リンドクイストに、このようなパンクしたブラックホールを二つ衝突させるシミュレーションをするよう提案した。[20]

ウィーラーの目的は、それがいつか検証されるかどうかに関わらず、相対性理論の理論的な意味を理解することだった。[21] しかし今日、私たちは、より実験的な動機を持っている。二つのブラックホールが衝突すると、重力波が発生し、それが地球を通過するのを検出することができる。

以前に水中の波について説明するために、流体力学の法則が使われることを述べた。水の表面が上下に振動し、乱れが外側に波及するのだった。同じように、一般相対性理論の法則は、空間に水面のような柔らかさを与える。重力波はその結果なのだ。空間は、高速で移動する高密度の物体によって一瞬歪められ、その後、元の形に戻る。特異点に関わる困難さえ克服できれば、ブラックホールが衝突する時にアインシュタインの理論によって予測される重力波は、シミュレーションによって明らかにできる。

リンドクイストは、ワームホールのトリックをコンピュータにコード化できる人物を探し、スーザン・ハーンを見つけた。彼女は一九五一年、ソ連軍に包囲され占領された生まれ故郷ブダペストを逃れ、夫と共にニューヨークに到着した。

最初は銀行に勤めていたが、数学者になることを夢見て、ニューヨーク大学の博士課程に入学した（最初は夜間コースから始め、やがてフルタイムに移った）[22]。一九五七年に完成したハーンの学位論文は、あらゆる方程式を可能な限り高精度の（グリッドを元にした）シミュレーションへと変換する、詳細な技術的課題を追究したものだった[23]。

重力波の観測

起こりうる落とし穴を熟知している彼女は、パンクさせた時空に関する抽象的なアイデアを具体的な計算に変えるのに、まさにうってつけの人物だった。その上、彼女はＩＢＭで働き始めており、豊富な計算能力を利用することができた。ＩＢＭは物理学の難問に取り組むことで、自社のマシンの能力をアピールすることに熱心だった。特異点を取り除く手段としてワームホールを使うというウィーラーのアイデアは、リンドクイストによって具体化され、ハーンがそれをコンピュータに取り込んだ。[24]

ハーンとリンドクイストは、彼らの研究は科学的に重要であるというよりも、むしろ「原理的な問題」を証明したのだと書いている。ブラックホールの衝突によって生まれる重力波を観測で検出するまでには、まだまだ長い道のりが必要だった。[25]

実際には、ブラックホールは互いの周りを回りながら、徐々に近づき、最終的に急接近し、かすめるような軌道で衝突する。特異点に対するきれいな解決策にもかかわらず、ブラックホール同士が接近するにつれ、結果は無意味になった。

これはシステム内のカオスのせいだ。天気予報が一、二週間先まで予測できないのと同じように、最初は小さかった空間の記述の不正確さが、ブラックホールが衝突する直前に大きな誤差へと拡大してしまったのである。

そのため、このシミュレーションは、重力波に関する実用的な問題を解決するには至らなかったが、特異点を切り抜いてパンクさせるという原理は確立された。ブラックホールが渦巻いて衝突するまで、カオス的なふるまいを充分に抑えることができるようになるまでには、さらに四十年の歳月と多くの詳細な技術的洞察が必要だった。

そしてついに、何十年も現れなかったバスが連なってバス停に到着したかのように、二〇〇五年、三つの独立したグループがほぼ同時に、ブラックホールがらせん状に合体する様子をシミュレーションし、かつては不可能だったことを可能にするコンピューター・コードが発表された。[26] アインシュタインが初めて方程式を書いて、まったく新しいエキゾチックな物理学の領域を拓《ひら》いてから、九十年の時が流れていた。

二〇一五年、レーザー干渉計重力波天文台（ＬＩＧＯ《ライゴ》）によって、ブラックホールの衝突による最初の重力波が、現実の宇宙で検出されるまで、さらに十年かかった。一九六〇年代に構想されたＬＩＧＯの建設は、それ自体が技術的な偉業だった。並行して、シミュレーションに携わる人々は、その技術を完成させ、検出されるかもしれない重力波のライブラリーを蓄積した。

このライブラリーと照合することで、何百人ものＬＩＧＯの科学者からなるコンソーシアムは、何億光年も離れた遠い宇宙で、太陽の三六倍と二九倍の質量を持つ二つのブラックホールが合体したと、自信を持って発表することができた。合体後のブラックホールには太陽の六二倍の質量があった。

三六に二九を足せば六五のはずだから、計算が合わないことにお気づきかもしれない。だが、六二という数字は間違いではない。足りない質量は、重力波によって、エネルギーとして持ち去られたのだ。

アインシュタインの最も有名な公式、$E=mc^2$（エネルギーは質量に光速の二乗をかけたものに等しい）は、このような変換が可能であることを示しており、ブラックホールの周辺ほど、この変換が明らかになる場所はない。らせん回転と衝突の最後の数秒間から発生する、重力波の総エネルギーは、天の川銀河の数十億個の星が千年間輝き続けるのと同じエネルギーである。

クエーサー

LIGOが検出した重力波と、シミュレーションされた重力波との比較は、ブラックホールが実在し、相対性理論の方程式の予言どおりにふるまうことを証明した。

しかし二十世紀半ば、まだブラックホールの実在がはるかに不確かだったころ、天文学者たちは、宇宙のエネルギー収支に異変があることに気づき始めていた。最初のヒントは電波望遠鏡からもたらされた。一九五〇年代から六〇年代にかけて、宇宙から届く強烈な電波信号が発見されたのだ。

天文学者たちは、より伝統的な光学望遠鏡をこれらの電波源の方向に向け始め、明るい光の点を見つけた。最初、それは星のように見えた。一九五〇年代にこの明るい光の点を最初に研究した物理学者の一人がアラン・サンデージだ（彼は、後に銀河は時間とともに変化する、という考えに抵抗することになるコスモロジストだ）。

サンデージは驚いた。その色は彼がそれまで見たどの星とも似ていなかったし、星が強烈な電波を発する明白な理由もなかったからだ。この天体はクエーサー（準星）と呼ばれるようになった。

サンデージはパサデナにあるカーネギー天文台で働いていたが、数ブロック離れたカリフォルニア工科大学の友人たちと、この難問について話し合った。結局、このパズルはカリフォルニア工科大学の三人の新星たちによって解かれてしまい、サンデージはその栄光に預かることなく、激怒した。[27]

デス・スターのようなエネルギー

カリフォルニア工科大学で描写された現実は驚くべきものだった。明るい光の点は星ではなかったのだ。それは、はるかに明るいもので、はるか遠くにあり、光は遠くの銀河の中心から発せられ、宇宙の大部分を横切っていた。このような小さな点で、これほどのエネルギーが発生するとなると、その正体として想像できるのは、太陽の何百万倍、何十億倍もの大きさの超大質量ブラックホールだけだ。

孤立したブラックホールは、定義上真っ暗だが、ガスに囲まれると明るく輝き始める。ガスは、ブラックホールの強い重力場に捕獲されやすく、事象の地平面に向かって徐々に渦巻いて「降着円盤」を作る（訳注：重い星やブラックホールのまわりを公転しつつ落下し、円盤状になった物質を降着円盤と呼ぶ）。個々の雲はすべて正確に同じ動きをするわけではなく、その結果、互いに衝突したりこすれ合ったりして、その運動を熱に変え、最終的には光やその他の放射に変える。

このプロセスは、質量から光を生成する上で、星の核融合よりも一〇倍も効率がよく、ブラックホールが大きければ大きいほど、そのパワーを維持するために、物質を吸い込む速度が速くなる。したがって、ブラックホール周辺の小さな領域は、遠くからも見える強い光を発生させる。これは、サンデージが提唱した光点クエーサーの一つであり、現在では数百万個が発見され、灯台のように宇宙空間に散らばっている。

ガスが最終的に呑み込まれる時、その渦巻きは、ブラックホール自身の中の回転となり、さらなるエネルギーが蓄えられる。事象の地平面に隠されているにもかかわらず、回転するブラックホールは磁場に影響を与え、蓄積された力を使って、光速に近い速度で物質を降着円盤から宇宙へと放出し、人類が最初に注目した強烈な電波を発生させる。[28]

天の川銀河の中心にはブラックホールがある。もしブラックホールに大量の物質が流れ込み、私たちの銀河が、極度の熱によって青みを帯びた、明るく光り輝くクエーサーに変わったらどうなるか、想像してみてほしい。現在銀河の中心を覆っている塵《ちり》が燃え尽きると、不気味な新しい光が夜空を照らし、金星の一〇〇〇倍も明るく輝くだろう。そのような光源は、地球から太陽までの距離より一〇億倍以上遠くにあるにもかかわらず、昼間でも空に輝いて見えるだろう。

それで人類が脅かされることはないが、銀河の長期的な未来は脅かされるかもしれない。これが最も明らかなのは、私たちの天の川銀河の近くにある楕円《だえん》銀河M87で、中心から数千光年離れた外側にまで直接届く、物質のジェットによってかき乱されている。

そのジェットはほとんど光速に達し、進路上のあらゆるものを破壊する。まるでリアルに存在するデス・スターみたいだ。ビームは細いので、個々の星や惑星が破壊されることはないだろうが、この強烈なエネルギーはどこかに行かなければならない。

いったい、どこへ?

ブラックホールに迫る

ブラックホールからのエネルギーがどうなるかを説明するシミュレーションを開発するのは、大胆なプロジェクトだ。ブラックホールの詳細なシミュレーションと、既存の銀河のシミュレーションを一緒にすることはできない。

なぜなら、スケールがあまりにも違いすぎるからだ。最も巨大なブラックホールは、太陽の何十億倍もの質量を持つと推定されているが、それでも、その事象の地平面は、太陽系一個分の大きさしかない。銀河そのものは、その何千倍もの質量を持ち、何百億倍も大きい。この大きさの違いは、地球規模の天気予報で塵の一粒を追跡するのと同じような割合である。

これは問題外だ。

前に進む唯一の方法は、二〇〇〇年代初頭までに、銀河形成物理学者たちがシミュレーションに星の影響を含めようとして使い始めていた、サブグリッド規則を使うことだろう。天体物理学者のティツィアーナ・ディ・マッテオは、サブグリッドのアプローチがブラックホールにも適用できると確信した。

ディ・マッテオは、ケンブリッジ大学で博士号を取得し、物質がブラックホールに落ちてエネルギーを発生させる仕組みについて研究していた。当初、彼女は、主に電波望遠鏡、光学望遠鏡、さらにはX線望遠鏡（体内を観察するのに使われるのと同じ種類の高エネルギー放射線を受信する）を使って、実際の宇宙がどのように機能しているかを見ることに興味を持っていた。

しかし、彼女はハーバード大学でラース・ヘルンクイストやフォルカー・スプリンゲルと一緒に働いていた。彼らは共にサブグリッド改良のパイオニアだった。[29] 好機を感じたディ・マッテオは、彼らのルールを拡張してブラックホールを含めるように説得した。[30]

気の遠くなるような空間と時間の歪みは、エネルギーと重力波が、正確にどのように放出されるかを気にするのであれば、非常に重要だ。しかし、三人は、銀河はそのような詳細を気にしないだろうと考えた。彼らはブラックホールを、すでに存在するダークマター、ガス、星に追加すべき、単なる別のタイプのシミュレーション粒子と想定した。ブラックホールのスマーティクルは、ある特別なルールに従う。ガスに浸されていると、それを貪《むさぼ》り食うのだ。その際、質量の一部をエネルギーに変換する。星や雨雲に適用されるルールと同様に、ブラックホールにも細かい問題がある。
ブラックホールはどれくらい速くガスを消費するのか？
エネルギーの何分の一が放出されるのか？
エネルギーはどのような形で放出されるのか？
これらの疑問に対する明確な答えは、今日でも見つかっていない。

銀河のスナップショット

二〇〇五年、ディ・マッテオらが、ブラックホールのスマーティクルによる最初のシミュレーションに踏み切れたのは、試行錯誤をいとわないチームの意欲があったからこそだ。[31] この年は、偶然にも、詳細なブラックホール重力波シミュレーションが機能し始めたのと同じ年であり、宇宙論シミュレーションがより現実的な銀河を形成し始めたのと同じ年でもある。

ディ・マッテオのシミュレーションは、六十年前のホルンベルクのシミュレーションとの共通点がある。それは、衝突の際に何が起きるかを見る目的で、二つの銀河をぶつけた点だ。ホルンベルクの三七個の電球の代わりに、二十一世紀初頭の技術によって、ディ・マッテオのシミュレーションには、三万個のダークマターのスマーティクル、三万個の星と二万個のガスのスマーティクル、そして太陽の一〇万倍の質量を持つ超大質量ブラックホールのスマーティクルが含まれていた。

銀河が合体するには、約十億年の仮想時間が必要で、研究チームは数百万年ごとに銀河のスナップショットを撮った。その結果、ゴヴェルナートが見せた、宇宙の網から形成される銀河のアニメーションと同じような、ドラマチックなアニメーションができあがった。ある晩、ディ・マッテオは夜遅くまで学会発表の準備に追われながら、そのアニメーションを初めて見て、チームがとてつもなくエキサイティングな研究に取り組んでいることに気づいた。[32]

ビデオでは、二つのきれいな形の円盤銀河が、何もない宇宙空間を横切って、衝突しそうになる。近づいて接触すると、二つの銀河のガスが押し潰され、それぞれの中心にあるブラックホールへと押し込まれ、膨大なエネルギーが放出され、周囲を加熱する。銀河は燃えさかり、カメラに向かって煙を上げているように見えるが、それは、それぞれの銀河の超大質量ブラックホール付近からの超高温ガスである。やがて、燃えさかる銀河の炎は、少し落ち着き始め、重力に引っ張られて、画面の真ん中で合体する。

出来のいい災害映画のように、一難去ってまた一難。合体したばかりの銀河が落ち着き始めると、二つのブラックホールが、合体後の中心へと到達する。そこにはまだガスが残っている。

二つのブラックホールは、ふたたび物質を貪り食い始め、爆発的に火が再燃する。

二つの穴に落ちないものは、容赦なく外側へ追いやられる。既存の星は充分に小さいので被害を免れるが、それでも大量のガスが失われると、将来の星や惑星を形成する燃料がなくなってしまい、銀河は壊滅的な打撃を受ける。古い星々はやがて衰えてゆくので、この二つの円盤銀河は、ブラックホールに殺され、一つの死骸が残ることになる。

ブラックホールは破壊の原動力

ブラックホールが銀河全体を破壊するというアイデアは、現実の宇宙で見られる、ブラックホールの力についての明確な証拠がなければ、空想的なものに思えるだろう。[33] 新しいシミュレーションが提示した図式は、ブラックホールと銀河の関係を説明するのに役立つ。大きな銀河が大きなブラックホールを宿すことは、以前から観測されていた。[34] 銀河が合体を繰り返して大きくなるにつれて、中心部のブラックホールも大きくなり、やがては星に対して非常に強力になり、銀河を攻撃することもある。

二〇〇〇年代半ば、シミュレーションによって、ダーク・ハローと銀河の関係が、フィードバック・エネルギーによって決定されることが発見された。今では銀河とその中のブラックホールのあいだにも同じような関係があることがわかってきた。

最近のシミュレーションでは、死にかけた銀河のガスは、一度に災厄に見舞われるのではなく、徐々に失われてゆくという、微妙な図式が描かれているが、ブラックホールは、依然として破壊の原動力とみなされている。[35]

それにしても謎が多い。

たとえば、巨大なブラックホールはそもそもどこから来るのか？

ディ・マッテオは当初、手作業でブラックホールを追加した。しかし、コスモロジストが、本当に銀河の物語を理解したいのであれば、私たちは今、超大質量ブラックホールがどうやって誕生するのかを知る必要がある。超新星爆発によって生じる比較的小さなブラックホールは、今日の超大質量サイズに充分早く成長することはできない。

現在のところ、私たちの銀河形成シミュレーションは、若い銀河の中心に超大質量ブラックホールを配置するようにプログラムされているが、そうすることの厳密な正当性はない。

現実には何が起きたのか？

最初の世代の星々が巨大で、おそらく私たちの太陽の一〇〇〇倍以上の質量を持ち、それに対応する巨大なブラックホールを生成し、周囲を素早く食い尽くした、という可能性がある

（現在最大の星は、それに比べれば羽毛のように軽いが、それでも太陽の一〇〇倍以上の重さがある）。

あるいは、宇宙初期に、ガス雲が核融合を起こすことなく、自らの重力で潰れる条件が整っていた可能性もある。その場合、星になる段階を迂回《うかい》することになり、自然に巨大なブラックホールができる。第三の可能性は、ブラックホールが、なぜか銀河のはるか以前からでき始めていたというものだ。今のところ、どの仮説が正しいかはわからない。将来のシミュレーションが探究すべき謎である。[36]

怪物に太陽系が襲われる可能性

正確なメカニズムが何であれ、ブラックホールが銀河に存在することは観測で明らかになっており、それゆえに、私たちもシミュレーションにブラックホールを取り入れる。その自然な帰結として、二つの銀河が合体すると、一つだけでなく二つの超大質量ブラックホールができることになる。私たちの銀河も含めて、ほとんどの銀河は、長い時間をかけて、複数のミニ銀河が次々と合体してできたものだ。

少なくともコスモロジストたちは、そう考える充分な根拠を持っている。というわけで、私と共同研究者たちが完成させた最近のシミュレーションで、天の川銀河の中心に超大質量ブラックホールが一つではなく、十数個あったとしても、驚かないでほしい[37]。私たちのシミュレーション銀河にある十数個の超大質量ブラックホールのほとんどは、中心ではなく、はるか外側をうろついている。ブラックホールが呑み込むガスが少ないため、あまり光らず、成長もしない。だから、検出はきわめて困難な可能性が高い。

このような隠れた怪物が浮遊しているのは危険に思われるが、銀河はきわめて巨大なので、太陽系から数光年以内に怪物がやって来る可能性は非常に低い（私の見積もりでは太陽の一生のあいだで、約一〇億分の一の確率だ。不確定要素が多いので、正確な数字は計算できないが、とにかく、可能性はきわめて低い）。

実際、シミュレーションでは、このような「漂流型」の超大質量ブラックホールがもっとたくさん見つかってもいいはずだ。しかし、漂流型の超大質量ブラックホールは、しばしば銀河の真ん中に迷い込み、そこに鎮座する中心ブラックホールと合体してしまうのだ。これは非常に興味深い。重力波検出器で検証可能な予測をコスモロジストに与えてくれるからだ。超大質量ブラックホールが規則的に衝突すれば、地球を通過する波紋の数に反映されるはずだ。

驚くべき規則性

ここまでは順調だ。人類は重力波検出器を持っている。地球に到達する波の予測もますます具体的になってきている。ということは、ブラックホールと銀河、そしてその緊迫した共生関係について、仮説を検証できるはずだ。しかし残念なことに、ＬＩＧＯでは、超大質量ブラックホールの衝突を捉えることができない。検出器は、探しているブラックホールと同等のサイズでなければならないからだ。

ＬＩＧＯの検出器の大きさは約四キロメートルで、これは、太陽の数倍の質量を持つブラックホールと同じ大きさだ。数百万倍の質量を持つ超大質量ブラックホールは、その大きさも数百万倍だ。つまり、エンジニアはＬＩＧＯの規模を一〇〇万倍に拡大する必要があるのだ。

地球の大きさは、わずか数千キロメートルしかないため、数百万キロメートルの検出器を設置する余地はない。そのため、欧州宇宙機関（ＥＳＡ《イーサ》）は二〇三七年にレーザー干渉計宇宙アンテナ（ＬＩＳＡ《リサ》）を打ち上げる予定だ。[38]

これはＬＩＧＯを一〇〇万倍に拡大したものだ。無論、そんなに巨大な宇宙船は誰も作れない。ＬＩＳＡは三つの船から構成されており、それぞれの船の大きさは三メートルほどで、一辺が五〇〇万キロメートルの正三角形を形作っている。それぞれが他の二機に向けてレーザーを照射し、そのレーザー光を測定することで、船と船の間の空間の波紋が推測できる。この大胆なコンセプトは、人類の工学能力の限界への挑戦だが、二〇一五年の技術試験で、ESAは実現可能だとしている。

銀河と（太陽の一〇〇万倍の質量を持つ）ブラックホールの関係についてのシミュレーションが、正しいかどうかを知るために、二〇三〇年代まで待てないという人には、朗報がある。二〇二〇年代のいつか、天文学者たちは、自然が私たちのために作ってくれた検出器、すなわちパルサーを使って、超大質量ブラックホールからの重力波の最初のヒントを見る可能性が高い。

パルサーは中性子星の一種だ。非常に高速で回転しているため、まるで灯台のような働きをし、ほんの一瞬のうちに、宇宙のあちこちに電波ビームを飛ばす。地球から見ると、パルサーは規則正しく脈打つ信号のように見える。実際、あまりにも規則正しいため、人工的にさえ見える。一九六七年に初めて発見されたとき、当時博士課程の学生だったジョスリン・ベル・バーネルは、冗談で「リトル・グリーン・メン」と名付けた（訳注：緑色で小さい異星人、という意味である）。

パルサーは異星人ではないが、驚くべき規則性があるため、銀河内の広大な距離を横切る波動に敏感なのだ。重力波が私たちと星のあいだにやってくると、距離がわずかに伸びたり縮んだりするため、受信するパルスのタイミングがずれる。この影響は、複数のパルサーを観測する場合に特に顕著になるため、天文学者たちは望遠鏡を「パルサー・タイミング・アレイ」に連結し、探索を容易にしようと工夫している（訳注：パルサーは正確な周期を持つ時計のようなものなので、地球とパルサーの間を重力波が通り抜けると、周期が乱れる。それが並んだ＝アレイ、という意味）。

銀河とブラックホールの関係についてのシミュレーションが、正しいかどうかを確かめるに、LISAは必要だが、パルサー・タイミング・アレイは、もっと早く最初のヒントを与えてくれるはずだ。

ホーキングの発見

コスモロジストが観測結果を待つあいだ、ブラックホールについて考えさせられることがたくさんある。

ブラックホールは、宇宙で最も暗い天体でありながら、巨大になりすぎると、膨大な量の光とエネルギーを生んで、銀河内に放つ。ブラックホールを見ることは不可能だが、重力波検出器で重力波を捉えることで、その存在が確かめられる。また、ワームホールを使って、計算を台無しにする中心部の特異点を隠したり、あるいは（サブグリッド規則のいくつかを通じてエネルギーを生成する）無害なスマーティクルに置き換えたりすることで、シミュレーションに組み込むこともできる。

ブラックホールの中心にある特異点を隠すことは必要だ。隠さなければ、パラドックス的な無限大を前に、シミュレーションは破綻してしまう。しかし、ワームホールによる修正は、洗練された絆創膏のようなもので、数学的には健全だが、ブラックホールの物理学的な核心を明らかにするものではない。

理論物理学者にとって、ブラックホールの内部で実際に何が起きているのか、という疑問はとても重要だ（たとえ、ブラックホールを取り囲む銀河を理解する上では、あまり重要でないとしても）。特異点が存在するということは、相対性理論が破綻しているか、少なくとも不完全であることを意味する。それにもかかわらず、ブラックホールのシミュレーションが扱いやすいことが証明されたのは、幸運としか言いようがない。

宇宙は膨張しているため、コスモロジストが宇宙全体を考えると、特異点の問題はさらに顕著で抜き差しならないものとなる。一般相対性理論の方程式を使えば、宇宙の膨張を時間的に遡《さかのぼ》って、最初がどうなっていたのかを知ることができる。ブラックホールの特異点は、物質が崩壊する必然的な「終点」だ。同じように、ビッグバンの特異点は、物質が膨張する必然的な「始点」なのだ。ビッグバンとブラックホールの中心の性質が密接に関連していることは、スティーブン・ホーキング博士が発見した。[39]

私の考えでは、ホーキング博士の結果は、ブラックホールの特異点に関するあらゆるエキゾチックな物理学よりも、はるかに厄介なものだ。なぜなら、ビッグバンは、突飛なワームホールの数学によって消し去ったり、地平面の後ろに隠したりできないからである。ビッグバンの性質を哲学的、宗教的な問題として片付けようとしても、現実にはあまり役に立たないし、慰めにもならない。

すべてのシミュレーションにおいて、初期条件が果たす中心的な役割を忘れてはならない。今日の天気を知らずに、明日の天気を予測することはできない。同様に、宇宙の出発点がわからなければ、今日の宇宙について予測することはできない。

たとえシミュレーションがダークマター、星、ガス、ブラックホールの物理学を最高の精度で扱ったとしても、ビッグバンの直後に何が起きたかについて、誤った仮定をすれば、完全に間違った答えにたどりつく可能性がある（あるいはまったく答えが得られないかもしれない）。

なぜ天の川銀河はこのように見え、他の銀河はあんなに違って見えるのか？

なぜある銀河は大きく、他の銀河は小さいのか？

なぜある銀河はブラックホールに殺戮《さつりく》され、他の銀河は生き残るのか？

天文学者たちがこのような問題を理解したいと思うのなら、そして、宇宙のあらゆる構造の起源をシミュレーションしたと主張するためには、最初の特異点をどう扱い、より意味のあるものに置き換えるかを考えなければならない。それが次の章の使命である。

5 章

量子力学と宇宙の起源

奇妙な理論

量子力学は、ミクロな領域の物理学なのですよ。つい、そんなふうに紹介したくなる。この奇妙な理論のポイントは、素粒子が、不確かで曖昧（ファジー）で、同時に二つ以上の場所に存在できるというものだ。それは多くの実験で確かめられている。でも、身の回りや夜空を見渡すだけで、私たちの日常世界や広い宇宙の物体は、ある瞬間には、はっきりと決まった一つの場所を占めていることがわかる。ファジーさは、肉眼では見えない小さなスケールに限られているように思われる。

しかし、この章で私が伝えたいことがあるとすれば、「量子の影響は、微視的で目に見えず、忘れてしまうような、ちっちゃな原子に限定されるものではない」ということだ。

実際、量子現象は宇宙全体を形作り、意味を与えている。現在の考えでは、宇宙のあらゆる構造（宇宙の網の目、ダーク・ハロー、銀河、ブラックホール、惑星、生命、あなたや私）は、時間の始まりにおける量子の不確定性のおかげで存在している。

堅固に見える私たちの存在は、ミクロから宇宙までのあらゆるスケールにおいて、密かに非決定的でファジーな、宇宙の一面なのだ。この物理学のジグソーパズルにおける、大胆な新しいピースは、シミュレーションの中になんらかの形で組み込まなければならない。

量子力学の基礎は、確固たる現実を否定するような、不合理なものではあるが、疑いの余地はない。なにしろ、スマホやタブレットの中身には、量子力学を応用した技術、つまりトランジスタが詰まっているのだから。

トランジスタはデジタルスイッチだ。それは、電気信号を使って、別の電気信号を流すかどうかを決定する。このような自動スイッチによって、初歩的な論理的推論が可能になる。スイッチは、何百万、何十億とつながることで、情報技術革命の原動力となった。トランジスタは、電子の量子的なファジーさを利用して、半導体から製造される（半導体とは、電気を通す導体のようにふるまったり、電気を通さない絶縁体のようにふるまったりする材料のこと）。半導体がどのように機能するかをうまく説明するための例は、日常生活にはない。その説明には量子力学が必要なのだ。

もっとも、量子力学を勉強すれば、トランジスタの「仕組み」はわかるかもしれないが、トランジスタがどう「役立つか」を理解するだけなら、勉強など必要ではない。なにしろ、コンピュータは、明らかな量子力学的な特性を示すわけではないのだから。私がコンピュータに何かを入力しているとき、そのメモリは明確な文字や単語でいっぱいだ。

同様に、シミュレーションは、具体的な風速、雨の量、星の数といった、明確な結果を予測する。不確定性を組み込むことは苛立たしいほど難しく、科学者は、あらゆる可能性のシナリオを考え、複数のシミュレーションをおこなう。だから、トランジスタの動作は具体的で予測可能で、不確定性とは縁がない。たとえ不確定性が、トランジスタの内部機能にとって重要な鍵であったとしても。

このように、ふつうは、内部に隠れていてファジーな、微視的スケールの物理学と、外部から見えて予測可能な、大きなスケールの物理学を分離する。だから、「量子力学は巨視的な生活では心配する必要のない、小さなスケールの法則だ」と、説明することが多いのだ。

日常と切り離されたものなのか？

私たちの日常世界が、奇妙さから安全に切り離されていれば、小さな粒子の奇妙な量子力学的ふるまいも受け入れやすくなるかもしれない。私も初めはそう思っていた。なぜ、このようなきれいな分離が「誤り」であるかを示すには、まずミクロの領域に踏み込んで、粒子が同時に二つ以上の場所に存在することの本当の意味を理解する必要がある。

原子の構造、化学元素の性質と周期表へのグループ分け、分子の結合の仕方は、完全に量子力学に依存している。化学者は、関連する物理学をシミュレーションする独自の方法を知っていて、膨大な計算上の課題を克服している。

だから、彼らのやり方は、じっくりと調べるに値する。それがよくわかったら、次に、宇宙が誕生した最初の「かけら」まで遡《さかのぼ》ろう。

現実はどうやって量子の泡から生まれたのか？

それは宇宙シミュレーションにとってどういう意味を持つのか？

そして、私たちの有限の人生が、なぜランダムな偶然の一面なのかを理解しようではないか。

貴族の作った無線システム

量子力学の最もありふれた証拠は、私たちの身近な生活の構成要素である、安定した原子の存在だ。二十世紀初頭の実験により、原子は原子核とその周囲を回る電子からできていることがわかったが、そこには根本的な問題があった。

電磁気学の法則によれば、電子の軌道は安定しないはずなのだ。電子は約一〇〇〇億分の一秒のあいだに原子核の中にらせんを描いて落ち込んでしまう計算だ（訳注：電子はカーブを曲がる際に放射でエネルギーを失うため）。でもそれは、私たちの周囲の世界のすべて、特に、安定した物質の存在と矛盾する。

フランス貴族のルイ・ド・ブロイは、第一次世界大戦中に無線通信システムを開発した（そしてそれをエッフェル塔に設置した）。[1]彼は、この矛盾の解決策として、電子は、原子核の周りを回っている粒子ではなく、原子核の周りに「滲《にじ》んで広がった波紋を作っている」のではないかと提案した。

彼は、このように考えると原子が安定し、電子が渦巻いて落ち込む問題を回避できることを示した。ノーベル委員会の委員長は、ド・ブロイに一九二九年の物理学賞を授与する際、この想像力豊かな飛躍が「これまで知られている事実の裏づけなしに」達成されたと強調し、ほとんど批判めいて聞こえた。幸いなことに、後に実験がおこなわれ、ド・ブロイの考えが正しいことが証明された。

このあたりの事情は、写真に例えることができる。写真は一瞬を捉えることはできないが、その代わりにカメラによって一定期間（といっても短く、たとえば数分の一秒）にわたって撮影される。その結果、高速で移動する物体は、鮮明に写らず、その物体がある時間内に占めたさまざまな位置が、滲んだような写真として映し出される。

高価なカメラであれば、より速いシャッタースピードを選択することでブレを減らせるかもしれないが、それは必ずしも望ましいことではない。ブレは時に動きの感覚を与えるのに役立ち、一枚のスナップ写真から、物体が時間とともにどのように移り変わってゆくかを視覚的に測ることができる。

車がテールランプの筋に変わったり、手持ち花火で文字を描く夜景シーンを思い浮かべてほしい。スローシャッターは、動いている感覚を与える一方で、一つの正確な位置を特定することは不可能になる。速いシャッターは位置を捉えるが、動きの感覚をなくす。ここにはトレードオフがある。

ハイゼンベルクの不確定性原理

量子力学は、まるで現実そのものが写真であるかのように、同じようなトレードオフが現実に起きているのだと教えてくれる。速度と位置に関する情報は、密接に絡み合っている。ブレは波の形を取る。それは、滲みながら波紋として広がるので「波動関数」という名前がついている。しかし、それは単なる細部に過ぎない。自然がぼやけていることを受け入れられれば、量子力学がなぜそれほど重要なのかを理解できる。

ヴェルナー・ハイゼンベルクが提唱した不確定性原理では、量子の位置と動きを同時に決めることはできない。* 実験物理学者は、どちらか一方を正確に測定することはできるが、両方を測定することはできないのだ。これはまさに、写真撮影で、スローシャッターか高速シャッターのどちらかを選ばないといけない状況に似ている。

* ハイゼンベルクは、第二次世界大戦中、ナチスのために働き、量子力学の専門知識を原子力エネルギーに応用した。世界にとって幸運なことに、彼は発電のほうに関心があり、核爆弾開発についてはどう見てもやる気がなかった。

私たちの日常生活は、明らかにハイゼンベルクとは相容れない。道路を走っているとき、私の車は、後でどんな写真を見せられようとも、常に位置と速度が決まっていたことは自明に思われる。

しかし、相対性理論と同じように、量子力学を理解するための最も難しいステップは、何が起こりうるか、何が妥当かについて、先入観を捨て去ることなのだ。相対性理論が、大きなスケールや高速で初めて明らかになるのと同じように、量子力学の影響は、通常、ミクロな距離でしか明らかにならない。たとえば、電子が原子核を周回するとき、ド・ブロイは、ぼやけた波紋が原子一個分の大きさ、つまり約一〇億分の一メートルを占めることを示したのだ。

物質のシミュレーション

私たちを取り巻く身近な世界は、分子からできている。分子全体に散在する、ぼんやりとした電子によって、原子の鎖が結合される。電子の「雲」は、全体をまとめあげる包みのような役割を果たしている。

化学者は、さまざまな理由でこのような分子をシミュレーションする必要がある。新しい電池や薬を設計したり、ウイルスが人間の細胞を攻撃する方法を研究したり、アスファルト道路が損傷したときの挙動を研究したり、グラフェンのような新素材の応用可能性を探したりするために。[2] どのような目的であれ、このようなシミュレーションでは、何千もの原子、あるいはウイルスのような生物系では、何百万もの原子を追跡する必要がある。

このような「分子動力学」シミュレーションは、ホルンベルクの電球銀河に似ている。しかし、星ではなく原子を追跡し、銀河ではなく分子の挙動を解明するのだ。原子の位置と動きを指定した初期条件から、シミュレーションは、各原子をわずかな時間だけドリフトさせる。ドリフトのあいだ、原子は一定速度で直線的に動く。銀河では何百万年という単位で計測される時間のステップが、今ではナノ秒である（訳注：一ナノ秒は一〇億分の一秒）。分子は信じられないほど小さいので、瞬時に変化するのだ。ドリフトの期間が終わると、原子は電子と原子核のあいだの力によって、新たな軌道へとキックされる。ドリフトとキックの繰り返しという考え方は、分子動力学シミュレーションとダークマター・シミュレーションとで同じだ。

違いはキックの種類にある。ホルンベルクは光の明るさを測定することで、重力を解明した。現代の天文シミュレーションでは、仮想宇宙に存在するすべての星、ダークマター、ガスの引力をデジタル処理で合計することによって、力が計算される。しかし分子の場合、量子力学を使うので、力を計算するのがはるかに難しい。

力の計算は、電子がどこにあるかに依存するが、すでに述べたように、電子は一度に複数の場所に存在するのだから。電子は分子全体に広がっているため、量子力学的効果を考慮したシミュレーションによってのみ、力を計算することができる。*

最初の量子化学シミュレーションのいくつかは、生物学的分子の挙動を理解することの難しさから着想を得た。たとえば、視覚の仕組みは、レチナール（光吸収分子）という分子に依存しているが、一九七〇年代までは、レチナールが光を神経信号に変える仕組みは正確にはわかっていなかった。

ハーバード大学の生物学者ルース・ハバードは、視覚につながる、もっともらしいメカニズムが一つだけあることを示した。量子効果によって、レチナールの中で光が運動に変わり、その運動が脳に伝わる神経信号に変わるのだ。しかし、どのようにして、正確に、この現象が起こるのかについては、手計算では解明できなかった。

＊原理的には、滲んだような広がりは、原子の中心にある原子核にも適用されるが、原子核の方が電子と比べて、はるかに質量が大きいので、その影響は小さいだろうとド・ブロイは考えた。

答えを見つけるのに充分な性能のコンピュータを持たず、男性優位の科学界に憤慨したハバードは、フェミニズムに目を向け、進化生物学における人種的・性別的偏見を痛烈に批判したことで有名になった[3]（彼女はボストン・グローブ紙に、「同僚たちが私をどう思っているのか見当もつかない。最低限、困惑していることでしょう。最悪、私はおかしくなったと思われているでしょう[4]」と語った）。

その結果、ハバードの網膜の探究は、彼女の教え子たち、なかでもマーティン・カープラスに引き継がれた。

カープラスは最終的に、レチナールを含むシミュレーションで二〇一三年のノーベル化学賞を受賞することになるが、そこに至るまでに回り道をした。学部在学中にハバードと研究していたカープラスは、一九五〇年、博士論文のためにレチナールの研究を続けたいと希望していたにもかかわらず、諦めざるを得なかった。

ファインマンの囁き

卒業研究の指導教官であったマックス・デルブリュックが乗り気ではなかったのだ。実際、カープラスが自分の考えをセミナーで発表したとき、デルブリュックは何度も中断させて「意味がない」と批判したと、カープラスは語っている。[5]

理論物理学者のリチャード・ファインマンも聴衆の中にいて、デルブリュックの口出しに堪忍袋の緒が切れ、「私にはわかるよ、マックス。ちゃんと意味があるじゃないか」と、これ見よがしに囁《ささや》いた。デルブリュックは慌てふためいて部屋から出て行き、その場は険悪な雰囲気に包まれた。カープラスは別の研究指導者を見つけ、別のテーマに取り組むことになった。

カープラスはコンピュータを使って化学反応をシミュレーションする専門家となり、特に量子力学の影響を単純化して、当時の初歩的な機械に適合させることに取り組んだ。しかし、一九七〇年代には退屈し切っていた。「初歩的な化学反応で起きていることは把握し尽くしていたし、もはや、新しいことを学ぶ興奮はなかった」[6]。そこで彼は、ハバードが設定し、デルブリュックとファインマンが論争した問題に立ち戻ることにした。

カープラスと彼の共同研究者たちは、ぼやけた量子電子とそれが網膜分子に与える影響をどうやって表現するかについて、徐々に解明していった。量子力学がなければ、個々の電子はホルンベルクの電球のように、その位置と運動で表現される。これには六つの数（空間内の位置を表す三つ、速度を表す三つ）が必要だ。しかし量子力学では、電子がどこに「あるか」についての真実は一つではなく、電子がどこに「ありそうか」について無限の可能性がある。

分子の周りの空間を、気象シミュレーションのようなグリッドに分割することを想像してみてほしい[7]。シミュレーションは、グリッドのそれぞれの箱の中に電子が存在する確率を扱うが、これには、それぞれの数値が必要だ。また、電子は単なるファジーな状態ではなく、波でもあるため、技術的には「位相」と呼ばれる数値が追加される。だから、たとえばグリッドに一〇〇個の箱があるとすると、一個の電子を表現するために、二〇〇個の数字を保存して操作する必要がある。

ここまでは、気象シミュレーションの難しさとさほど変わらないように思える。物事が本当に難しくなるのは、シミュレーションが複数の電子を追跡する必要がある場合だ。ある箱の中に電子がいる確率は、隣の箱の中に別の電子がいる確率に依存する。電子同士の「量子もつれ」という現象があるからだ。

このもつれを考慮するために、シミュレーションでは、箱の対《ペア》ごとに二つの数字を保存する必要がある。さらに、一〇〇箱のうち、どの二つの箱を対にするかは、一万通りの可能性があるので、それを二倍して、二万通りの数が必要になる。でもこれは、一〇〇個の箱に二個の電子を入れたに過ぎず、もっと電子の数が大きな現実的な状況では、あっという間に計算不能に陥ってしまう。

量子の雲

量子分子をシミュレーションするコツは、この複雑さをカットすることだ。多くの問題では、複雑に絡み合った電子の物理学は、より単純な手法で正確に近似することができるし、完全に無視していい電子だってある。網膜分子には一六〇個近くの電子が存在するが、そのほとんどは、特定の原子の原子核の近くを周回する、退屈な生活を送っているので、あらゆる電子の量子的ふるまいを追跡するシミュレーションは必要ない。

ド・ブロイが指摘したように、原子核は非常に質量が大きく、電子はよくわかった方法で原子核の周りを回る。シミュレーションで必要なのは、原子核から離れた電子を追跡することだけだ。このような電子は、分子の大部分を包む「雲」に広がり、分子を結合させ、その形を決める。[8]

カープラスの研究チームは、このような特殊な電子だけを量子として扱うことで、網膜分子が理解できることを示した。それでもまだ大きな挑戦だが、計算を高速化するトリックを使えば達成可能だ。光が分子に当たると、電子はエネルギーを注入され、量子の雲の形を変えて反応し、分子全体が別の形に化ける。その結果、運動が連鎖反応を起こし、最終的に脳が解釈する電気信号になる。この最初の量子シミュレーションによって、ハバードが数十年前に描いた全体像が完成した。

シミュレーションを簡略化するトリックを発明することは、ゲームの妙であり、多くのノーベル賞がこのようなトリックに対して授与されている。しかし、この課題を完全に克服することはできない。汗水垂らしてトリックを工夫しなくても、電子がらせんを描く条件に直接挑み、もつれたファジーさを正面から計算して、量子力学をシミュレーションできたら、どんなに楽なことか。それはいつの日か、可能になるかもしれない。コンピュータそのものを量子化することによって。

量子コンピュータの可能性

量子物理学のシミュレーションは難しい。個々の粒子でさえ単純ではないからだ。粒子は波動関数と呼ばれる「霞《かすみ》」として広がり、現実そのものに含まれる、本質的な不確定性を示す（訳注：単に人間が知らない、情報が足りないといった意味での不確実性とは異なり、量子力学の不確定性は、自然界に備わっている限界であり、なくすことができない）。この霞を追跡するためには、時間と記憶容量が必要であり、そのコストはあっという間に膨れ上がる。

つまり、コンピュータのパワーを大幅にアップしても、シミュレーションできる分子のサイズはちょっぴり大きくなるだけなのだ。量子コンピュータは、この障壁を打ち砕く可能性と、奇妙な理論の本質にさらなる光を当てるという点で、研究するに値する。

従来のコンピュータは、不確定性の計算に向いていない。目の前のページ上の文字が特定の、議論の余地のない順序で表示されるように、コンピュータのメモリはすべて、「A」や「B」のような決まった情報に対応している。しかし量子物理学では、不確定性が主役になる状況を表現する必要があり、「Aかもしれない」、「Bかもしれない」といった可能性だけが存在する。不確定な状況を表現するために、はっきりとした文字や言葉を使うことはできる。私だって、この章を書きながら、曖昧さに満ちた物理世界を描写するのに、はっきりとした言葉を使っている。同様に、コンピュータは、ファジーでないメモリーに、ファジーさと不確定性を持つ情報を蓄えることができる。

でも、それは本質からズレている。何かがAかBかわからない場合、二つの可能性の組み合わせを表す、(AB)という特殊な記号をコンピュータに記憶させる方がはるかに簡単だ。量子コンピュータの背後にある考え方は、従来のコンピュータとは異なり、このようなファジーな記号を記憶し操作できる専用マシンを組み立てよう、というものだ。自然界は、基本的に量子的なふるまいをするため、これは可能なはずだ。現在のコンピュータは、実際には電子の物理学的能力を充分に活かしきれていない。

最も重要なのは、新しく作られる専用のシミュレーション・マシンが、異なる粒子間のつながりである「量子もつれ」の効果を含むべきだ、ということだ（量子もつれは、古典的なコンピュータで扱うのはきわめて難しい）。ファジーさと量子もつれがすでにハードウェアに組み込まれているため、シミュレーションがおなじみのキックとドリフトのサイクルを開始し、時間ステップを進めると、最終的な結果には、量子効果が自動的に組み込まれることになる。

このアイデアの理論的基礎は一九七〇年代後半に築かれ、一九八一年にマサチューセッツ工科大学で開催された会議で広く注目されるようになった。リチャード・ファインマンが基調講演をおこない、このようなマシンが、量子系をシミュレーションする完璧なツールになるだろうと推測したのだ。[9] 分子を取り巻く電子は、そのような系の一例だが、量子効果が重要な現象であれば、なんでもシミュレーションできるマシンを作ろう、というのがファインマンのアイデアだった。[10]

ファインマンは物理学者のあいだでカルト的な人気を誇り、その画期的な洞察力と、明晰《めいせき》な文章や講義を通して、科学を生き生きと伝える並外れた能力が崇拝されている。英雄崇拝は危険だ。彼自身の文章は、彼の知的な輝きについて、そして臆面もなく女たらしの行為をくり返していたことについて、さりげなく、しかし注意深く作られた逸話に彩られている。

当時の基準からしても、彼がナルシストで女性蔑視者であったことは明らかだと思う。[11] それでも、物理学に関する彼の考えは、紛れもなく刺激的で、量子の分野で働く以上、避けては通れないものなのだ。実機を作るには、大きな技術的課題があるにもかかわらず、量子コンピュータの重要性に関する彼の推測のおかげで、数世代にわたって、物理学者はその実現可能性を真剣に検討することになった。

そのような人物の一人がセス・ロイドだ。彼は量子コンピュータの設計の概略を示すことで、ファインマンの推測を推し進めた。[12] ここで言う「設計」とは緩い表現で、ロイドはどのようなマシンを作る必要があるかを説明したのであって、どのようにそれを設計するかについて、工学的な青写真を示したわけではない。

美しい機械

大規模な量子コンピュータがどの程度実現可能なのかは、今日でも不明のままだ。しかしロイドは、原理的にはファインマンが正しかったことを証明した。うまく設計された一台のマシンを何度も利用すれば、量子力学に関わる、あらゆる物理学的シナリオをシミュレーションできる。細かいハードウェアは、ほとんど結果に関係なく、原子、光、超伝導金属など、量子的挙動を示すものならなんでも部品として使うことができる。

このようなハードウェアの「超越」は、バベッジ、ラブレス、チューリングの発想が、古典的コンピュータの概念において、電気回路や蒸気駆動の歯車など、特定の技術に依存しなかったことを思い起こさせる。彼らのビジョンは、少数の論理操作をくり返し適用することで、あらゆる計算を実行できる汎用《はんよう》マシンの実現だった。

原理的には、量子コンピュータが計算できることは、理想化された古典的な機械でも計算できる。ただ、現実には、すべての機械は限られた量のメモリーしか持たず、動作時間も有限なので、限られた数の操作しか完了できない。

量子物理学の複雑さのせいで、単純な分子のシミュレーションでさえ、実用的な限界に達する可能性がある。だからこそ、化学者や生物学者は、量子効果を直接利用して、この限界を突破できる可能性を秘めた、量子コンピュータに大きな期待を寄せているのだ。

このような期待にもかかわらず、量子コンピュータは、実際に作るのは非常に難しく、研究開発は長引いている。最近になってようやく、本物の量子コンピュータ（グーグル社製）で、基本的な化学シミュレーションができるようになった。[13] これは素晴らしい工学的成果だ。SFの舞台を描くデザイナーの、熱狂的な想像力から生まれたかのような、美しい機械だ。

高さ一メートルの輝く金属製のプラットフォームが上から垂直に吊るされ、各プラットフォームのあいだには整然と巻かれたケーブルやパイプの束がある。装置の大部分は精巧な「冷凍庫」であり、装置の中心部は、可能な限り低温（絶対零度より数分の一度だけ高い温度）まで冷やすことができる。量子コンピュータは非常にデリケートなため、その動作は熱によって簡単に中断されてしまうのだ。計算そのものは、通常のコンピューターチップ程度の大きさのデバイスでおこなう。

このマシンは「ノイズが多い」。この技術を完成させるのは非常に難しく、すぐに計算エラーが起きてしまう。このようなノイズの多いコンピュータは、特定の限られたシミュレーションにはなんとか使えるが、ファインマンのビジョンからはほど遠い。ノイズのない量子コンピュータは、まだ設計段階にあり、専門家のあいだでも、実用化までにどれくらいの時間がかかるのか、意見が割れている。数十年という見積もりは、楽観的過ぎるかもしれない。[14]

それでも、遅かれ早かれ、最大級の古典的マシンでさえ不可能な、はるかに大きな分子のシミュレーションが可能になるだろう。そして最終的には、精巧な冷却装置を必要としない量子コンピュータが開発され、誰もがポケットの中に量子コンピュータを入れて持ち歩けるようになるかもしれない。[15]

このようなマシンが、一部の専門的な用途を超えて必要とされるかどうかは不明だが、もちろん、未来がどうなるかは誰にもわからない。それは、携帯電話のルーツが一九四〇年代の部屋サイズの軍事機器であったことを考えればわかるだろう。不可能なものが可能になり、可能なものは人々が欲しがるものになり、人々が欲しがるものはあらゆる場所で使われるようになるのだ。

私の専門分野では、量子コンピュータが宇宙をシミュレーションする仕事に革命を起こすなんて、誰も思ってやしない。かと言って、宇宙が量子のファジーさと無縁だと想像するのは間違いだ。

実際、宇宙が始まった瞬間に何が起きたのかについて、私たちの最も優れた理論は、宇宙全体がカープラスの電子と同じように、ファジーで不確かなものだったことを示唆している。惑星、星、銀河の確かな信頼性が幻想であるとは信じがたいが、それこそまさに、一九五七年に一人の大胆な大学院生、ヒュー・エヴェレット三世が主張したことだった。いまでは、多くのコスモロジストが彼を信じるようになってきている。

量子の現実

エヴェレットはそのキャリアの大半を、核戦争のシミュレーションに費やした。個々の爆弾ではなく、いつどこを攻撃すべきか、というような広範な戦略を練っていたのだ。エヴェレットは、アメリカ政府の影の組織に雇われた、数学者や物理学者からなるエリートチームの一員として、想像を絶するスケールの死と破壊を伴う、デジタル・リアリティを作り上げた。

このようなシミュレーションをもとに、エヴェレットの周辺では、現実世界でのソ連への先制攻撃を主張する者が多かった。その結果が西側諸国にとって有利になるからではなく、ソ連にとって不利になるからだった。幸い、彼らが政治家を説得することはなかったが、エヴェレットは明らかに、ほとんど人間離れした方法で、現実から自分を切り離す能力に長けていた。そして、一九八二年に亡くなったとき、彼は自分の遺灰をゴミ箱に捨てるよう妻に遺言したのだった。[16]

一九五七年当時、エヴェレットは若い博士課程の学生で、ワームホールの研究者であるジョン・ウィーラーと共に働き、宇宙全体への量子力学の意味を理解しようと奮闘していた。分子、原子、素粒子が量子物理学に支配されているのであれば、それらが生息し、彫刻する宇宙もまた、同じ法則に影響されるはずだ。

トランジスタの場合のように、量子が大規模な現象に及ぼす影響なんて、限定的なはずだと思われるかもしれない。だが、奇妙で気の遠くなるような影響が、微視的スケールに限定されるはずだという、気休め的な推論は、よくよく考えると間違っているのだ。

量子力学を無視して、大気中の無数の分子を追跡する、遠い未来の仮想的な気象シミュレーションを想像してみてほしい。

さらに大きなひねり

そして、一つの分子の位置を変えるようにシミュレーションを編集するとしよう。この変化は、最初はごくわずかな影響しかないが、ここで、第一章のエドワード・ローレンツの蝶の羽を思い出してほしい。

小さな初期の差異が、気象パターン全体を変えるまで増幅されることがある。分子は蝶の羽よりはるかに小さいが、それは、その影響が増幅されるのに時間がかかることを意味する。それでも、分子の位置の違いには、遠い未来を変える力がある。つまり、一つの分子の位置を変えただけで、シミュレーション結果は、一、二ヵ月後の天気について、異なる予測をすることになるのだ。あるバージョンではハリケーンがニューヨークを襲うかもしれないが、別のバージョンではハリケーンは逸《そ》れるか、そもそも発生しないかもしれない。

これは、予報の難しさを示しているが、量子力学が、さらに大きなひねりを加える。ド・ブロイとハイゼンベルクによれば、個々の分子は、実際には、完全に決まった位置を持っていない。誰もその位置を知らないという意味ではなく、その位置は本質的にファジーなのだ。もし、分子がさまざまな位置に「滲んで広がった状態」から出発するならば、天気に及ぼす可能性のある、さまざまな影響はすべて、連動して起こるはずだ。つまり、ハリケーンがニューヨークを襲うと同時に襲わないことになる。

この表現は正しいとは思えない。天気は変わりやすいかもしれないが、ある瞬間に、ある場所で、ハリケーンが来るか来ないかは体験できる。両方が起こっているという考えは意味不明だ。しかし、問題はさらにドラマチックになる。

宇宙空間に出れば、ガス雲の正確な構造における微視的な差異が、カオスの気まぐれによって、新しい星や惑星が誕生するか、不名誉なことに雲が蒸発して何もない宇宙に戻るかの分かれ目となる。同じ論理に従えば、量子力学とカオスの結合は、天気だけでなく、惑星、星、銀河全体の存在にも不確定性をもたらすように思われる。

量子のファジーさ

エヴェレットはこのような結論に納得していたが、私たちの直感と常識は、この説明には何かが決定的に欠けていることを示唆している。量子の先駆者たち、とりわけジョン・フォン・ノイマン（核爆弾の開発者であり、気象シミュレーターであったことは以前に紹介した）は、量子のファジーさは、基本的に小規模な現象だと強く信じていた。小さな差異を増幅するカオスの傾向を前にして、先駆者たちは、ファジーさを抑制し、制御し続けるための特別なメカニズムを発明した。

先駆者たちは次のように考えた。

「(量子力学の)ファジーさはスイッチみたいにオンにもオフにもできる」。たとえば、小さな電子は多くの時間、靄《もや》のように広がっているが、充分な感度で写真を撮れば、ピンポイントで一箇所に現れる。伝統的な意味での写真ではないが、一個の電子の存在を記録する測定器は存在し、本当に一個の点として検出されるのだ。[17]

しかし、化学全体は言うに及ばず、他の多くの実験は、電子がほとんどの時間をファジーな状態で過ごしているからこそ、意味をなす。つまり、どこかでファジーで広がった状態が、一つの点の位置に決まるはずで、それは「波動関数の収縮」と呼ばれている。フォン・ノイマンは、この収縮は「……測定がおこなわれるとすぐに」起きると仮定した。[18] 装置が計測を止めた後、電子はふたたびファジーになり、ピンポイントで決まっていた位置から周囲に広がり始める。[19]

この量子力学の伝統的な見方から、天気の場合にどのように話をつなげられるかは明らかではない。おそらく、ハリケーンは、波動関数の収縮を経て、発生するかしないかが決まるのだろうが、いつ、なぜ、どのように決まるのかは、よくわかっていない。

厄介な疑問と大胆な推測

嵐の発達を測定するなんらかの装置が必要なのだろうか？

そもそも、フォン・ノイマンの言う「測定」とは何だったのだろう？

粒子は、ファジーな状態から決まった状態に切り替わるタイミングをどのように決めるのだろうか？

このような厄介な疑問は、物理学で最も大胆な推測につながった。私には神秘主義のように聞こえるが、一流の研究者たちは、いたって真面目にそれを提唱している。

たとえば、ノーベル賞を受賞した物理学者で数学者のユージン・ウィグナーは、私たちの意識が、量子物理学に特別な役割を果たすと信じていた。[20] 彼の提案は、具体的な現実が存在するのは、私たちのように意識のある生き物が、測定に関与しているからに他ならない、というものだ。

これは、観念論と呼ばれる哲学思想の極端な形だ。私たちの現実の経験が、私たちの心と不可分だ、という考えは、観念論のあまり厳密でない形であり、私だって受け入れることができる。だが、ウィグナーは、現実そのものが心に従属するという、私には真剣に受け止めるのが難しい主張を展開した。[21]

エヴェレットの研究指導者であったジョン・ウィーラーは、ウィグナーが意識を特別扱いしたことについては、判断を保留していたが、それにもかかわらず、宇宙全体の過去の歴史は、人間が選んだ観測によって、時間を遡って決定されると主張した。「今ここで作動している装置には、（過去に）起きたように見えることを引き起こす、否定できない役割がある」と、彼は書いている。[22] 彼らは賢い人たちであり、彼らの視点を理解しようと努力すべきだが、全体的な提案は、大雑把で人間中心主義的なものに思われる。

もっと冷静な考えもある。

イギリスの数理物理学者ロジャー・ペンローズ卿は、非常に大きな物体を扱うときに、量子のファジーさを消す可能性のある物理的メカニズムとして、重力をあげている。[23] ペンローズや他の似たような提案は、それほど神秘的ではなく、実験室での検証も試みられている。[24]

しかし、実験からすでに分かっているのは、収縮プロセスが空間を伝わって、量子の霞を一掃する速度は、光よりも速いように見える、ということだ。[25] これは、光が宇宙でいちばん速いとする相対性理論に反する。

ようするに、波動関数の収縮をどのように説明しようにも、その結果は、私たちが知っている物理学とは相容れない。そのため、ウィーラーの弟子であるエヴェレットは、波動関数の収縮は本当にあるのだろうかと、疑問を抱くようになった。

彼の天才的な提案は、ファジーさと確実さに折り合いをつけることだった。彼は、ファジーな世界で生きている人の経験も、私たちの経験と同じように、具体的なはずだと提案した。たとえ現実には収縮が起きていなくても、収縮が起きているかのように見えると言うのだ。

この魔法を実現するために、エヴェレットは、いくつもの並行宇宙《パラレルワールド》の重ね合わせとして、ファジーさを理解しようとした。[26] それぞれの宇宙からは、物事は確定して見える。

宇宙はマルチバース

しかし、宇宙は「マルチバース」であり、単一の明確な現実ではなく「可能性の一覧表」があるのだ。より正確に言えば、私たちが住んでいるような個々の具体的な宇宙は、大いなる現実の一端でしかない。私たちの宇宙は、もっと根源的な、ドロドロとした量子の「影」のような存在なのだ。[27]

量子コンピュータのパイオニアの一人であるデビッド・ドイッチュは、エヴェレットの描像では、量子コンピュータが並外れたパワーを持つ明確な理由がわかると指摘している。従来のコンピュータが一度に一つの宇宙にしか頼らないのに対し、量子コンピュータのファジーな記号は、エヴェレットの重ね合わせの宇宙を利用して、複数の計算を同時並行的におこなっているからだ。[28]

もしエヴェレットが正しければ、目の前のノートパソコンは、複数の宇宙に存在するが、それぞれの宇宙のあいだで通信する手段がないことになる。私たちが一つの現実だけを認識しているように、ノートパソコンは、並行世界で何が起きているのかというヒントにアクセスできないのだ。これは純粋な仮定ではなく「デコヒーレンス」と呼ばれ、数学的に実証可能な概念だ（訳注：量子の波の干渉のしやすさをコヒーレンスと呼ぶ。並行世界同士が通信できるイメージだ。干渉が失われ、並行世界同士の通信ができなくなった状態をデコヒーレンスと呼ぶ）。

たとえ別の現実が存在していたとしても、その情報にアクセスすることは非常に困難だ。一方、量子コンピュータは、デコヒーレンスを回避するように設計されているため、たくさんの並行世界を巧みに利用することができる。エヴェレットとドイッチュの立場からすれば、量子コンピュータを作るのが難しいのは、「並行世界をまたいで通信を維持する」のが難しいからなのである。

たとえ論理的に筋が通っていて、著名な支持者がいたとしても、量子力学のファジーさがマルチバースに起因する、というエヴェレットの提案は、どう考えてもしっくり来ない。宇宙を無駄遣いしているように思われる。

宇宙なんて、一つあれば充分ではないか？

いや、充分ではないかもしれない。このような問題では、人間の本能を疑うべきなのだ。十六世紀には、地球が宇宙の中心にあるという考えに皆が執着していた。二十世紀初頭には、高名な天文学者たちが、私たちの銀河系を超える銀河は存在しないと、徹頭徹尾、主張していた。私が思うに、量子マルチバースに反対する議論の多くは、人間の特徴である、「自分自身が腹立たしいほど無意味であること」を認めたくない例に過ぎないのではなかろうか。[29]

量子宇宙論

量子物理学は、私たちが住む日常世界とはまったく異なる現実を描き出す。個々の微視的物体は、ほとんどの時間、ドロドロの靄に覆われているが、誰かが観測しようと思えば、くっきりと鮮明に見えるようになる。この状況を理解するためのエヴェレットの方法は、ドロドロの世界を、数え切れないほど多くの並行世界として思い描くことだ。一見、贅沢なように見えるが、客観的な現実を決定する上で、まったく新しい物理法則を持ち出したり、意識が特別な役割を演ずると考えたりするよりも、私はエヴェレットの理論の方が優れていると主張してきた。

エヴェレットの理論は、量子の効果が、小さなスケールに限定されるものではなく、うまく探しさえすれば、宇宙全体、さらには別の宇宙にまで広がるのだと示唆している。このような考え方は、物理学者を勇気づけ、量子法則を宇宙全体に適用することを可能にした。この考え方はシミュレーションを理解する鍵でもある。

宇宙は膨張しており、過去のある時点では大きさがゼロであったことを思い出してほしい。そう、ビッグバンである。ビッグバンは密度も圧力も膨張率も無限なので、シミュレーションは、ビッグバンそのものから始めることはできない。

一般相対性理論の方程式は、無限の数値に直面すると破綻する。それを私たちは特異点と呼ぶ。ブラックホールのシミュレーションで、中心部に特異点が現れるのを防ぐために、エキゾチックなワームホールが使われたように、ビッグバンの特異点もなんらかの方法で避けなければならない。

フルーツケーキのように

しかし、それはブラックホールほど複雑ではない。ビッグバンを回避するために、コスモロジストは、シミュレーション全体を宇宙の始まりから「しばらく後」に開始することができるからだ。一般的には、百三十八億年の約〇・一パーセントが経過した時点を開始点に選ぶ。

この解決法の欠点は、（天気予報のシミュレーションで明日の状態を予測するために、現在の大気を正確に測定する必要があるのと同じように）ビッグバン後の選んだ開始時刻における、宇宙の状態を表す初期条件が必要になることだ。もし宇宙が本当に特異点から生まれたのであれば、初期状態がどのようなものであったかを示す法則は存在しない。

しかし、その初期状態は、予測可能どころか、ほとんどのコスモロジストは、荒々しく不規則だっただろうと推測している[30]。ある地域は冷たく荒涼としていただろうし、ある地域は熱く密度が高かっただろう。物理法則がすべての場所で同じだったかどうかさえわからない。一部の領域では、馴染みのある物理学が通用しただろうが、他の領域では非常に異なる法則が適用されたかもしれない。

これは、「どこもかしこも同じ」という表現がピッタリな、私たちの宇宙には当てはまらない。

惑星、星、銀河は、誰もが知る限り、どこでも似ている。無論、すべての銀河がそっくりだというわけではない。大きさ、色、形は千差万別だ。しかし、銀河は、すべて同じ物理法則に従っているように見えるし、同じ組み合わせのガスとダークマターからできている。

まるでフルーツケーキのようだ。よく見ると、あるスライスにはレーズンが多く、あるスライスにはサクランボが多いかもしれないが、全体的な均一性は保たれている。ビッグバンの特異点の後では、このような規則性を実現する、明らかなメカニズムは存在しない。

あるスライスには山盛りのレーズンが、次のスライスには山盛りのアプリコットが、そして三枚目には、思いがけずスクランブルエッグが入っている可能性が高いといった具合に。

ホーキングの重要な洞察

量子力学は、シミュレーションの原理的な初期条件を見出すための最良の希望であり、この状況に新しい視点を与えてくれる。一般相対性理論には、物理学者が重要だと知っている不確定性や量子もつれの概念がない。

もし量子力学的な効果を正しく含めることさえできれば、特異点はもっと受け入れやすいものに置き換えられるかもしれない。スティーブン・ホーキング博士の著書『ホーキング、宇宙を語る』で有名になったハートル＝ホーキング無境界仮説は、この方向に沿った試みだ（訳注：無境界仮説では、時間の始まりの特異点をなくすために、時間を虚数にしてしまう。それにより、数学的には、特異点という名の境界は無くなるが、あくまでも一つのアイデアである）。

しかし、それは単なる提案に過ぎず、その意味については、まだ議論中なのだ。実際のところ、この提案は観測的宇宙論や計算的宇宙論にあまり有益な示唆を与えていない。なぜなら、私たちは量子重力の首尾一貫した記述を持っていないからだ。量子重力とは、アインシュタインの一般相対性理論（重力理論）と量子力学の統合である。

この二つの理論を組み合わせるのは基本的に難しい。たとえば、ブラックホールの存在は、部分的に量子論と矛盾しているように思われる。ブラックホールは、素粒子とそれを生成した宇宙に関する情報を呑み込んでしまうが、量子力学は、このようにして情報が失われることはありえないと断言する。

このような難問を回避し、量子重力の実行可能な記述を提供しようとする試みは、数十年にわたって進行中であり、その結果、超ひも理論、ループ量子重力理論、因果集合理論など、さまざまな理論的アイデアが爆発的に生まれている。アイデアには事欠かないが、宇宙論につながる具体的な成果はほとんどない。

幸いなことに、ホーキング博士の重要な洞察《きづき》により、初期宇宙に関する二つ目の量子論的な観点から、検証可能な予言がもたらされた。特異点を完全に置き換えるという無境界戦略（それは、まだ誰も理解していない物理学に依存する）の代わりとなる、ホーキングの案は、最初の瞬間に何が起こったかにかかわらず、通常の宇宙が発生することを示唆している。

この代替案では、量子論と一般相対性理論の要素を利用しながらも、それらを完全に織り交ぜる必要はない。最終的にこの二つの理論をどのように統合するかについて、強い仮定を置くことなく、それぞれの理論が自らの「縄張り」から出ないように理論を適用しているところが素晴らしい。

それは、シミュレーションの適切な初期条件を理解するための、現時点での最良の方法であり、量子効果が宇宙の構造全体を支配していることを示唆している。というわけで、その計算について、少し詳しく見ていくとしよう。

宇宙のインフレーション

一九八〇年、コスモロジストのアラン・グースは、宇宙が年を取るにつれて、物質とエネルギーがどのように変化するかについて思いを巡らせていた。氷は室温では長く存在できず、水に変わる。水は沸騰すると水蒸気となり、長くは存在できない。しかしグースは、物質の相がこれらの日常的な状態をはるかに超えていることを知っていた。

理論物理学者のスティーブン・ワインバーグはすでに、電子、ニュートリノ、光子などの素粒子でさえも、充分に高い温度になると存在しなくなり、代わりに純粋なエネルギーに変わることを提唱していた。グースは、さらに高温になると、残っているすべての粒子がその同一性を失い、「スカラー場の凝縮」と呼ばれる抽象的な形に変化するのではないかと提案した。

もしこれが正しければ、ビッグバンの後、宇宙はこの奇妙なエネルギーのせいで、およそ「一〇の三五乗」分の一秒ごとにスケールが倍増する段階に入るだろうと彼は計算した（訳注：一秒を一〇で三五回割った時間ごとに、宇宙の大きさが二倍になる、という意味）。このようなふるまいは指数関数的膨張と呼ばれている。

二〇一二年に大型ハドロン衝突型加速器が、ヒッグス粒子を検出したことで、スカラー場が存在することは間接的に証明された（訳注：通常、素粒子は自転しているが、スカラー粒子は自転していない。ヒッグス粒子はスカラー粒子である）。しかし、宇宙の初期膨張に適したふるまいをするスカラー場が存在するかどうかは、未解決の問題だ。アラン・グースはそれがあるかもしれないと考え、その結果を追究した。

愛想がよく、優しく軽口をたたく性格らしく、彼は自分のアイデアを「インフレーション」と名付けた。もちろん、私たちの生活における、もう一つの大きな指数関数である、生活費の増加にちなんだものだ。イングランド銀行によると、二〇二一年の二〇ポンドは、一九九〇年の一〇ポンドと同じ価値しかない。[31] これは三十一年で倍増する計算だが、最近、そのペースははるかに問題のある速度になっている。第一次世界大戦後のドイツでは、壊滅的なインフレが起きた。一九二三年の一年間に物価は二九倍になった。[32] これは、宇宙のインフレーションのドラマを少し感じさせるものだ。

だが、金融のインフレーションとは異なり、宇宙の急激なインフレーションは、最初の特異点の問題を回避できるため、物理学者にとっては朗報だ。グースの考えがうまくいくためには、インフレーションで宇宙が最低九〇倍まで膨張し、その後は膨張率が驚くほど減少する必要がある（訳注：インフレーション宇宙のアイデアは、グースと同時期に日本の佐藤勝彦も発表している）。現在の宇宙は、百億年で二倍にしかならず、はるかにゆっくりとしたペースで膨張している。[33]

このような対比から、インフレーションの最も一般的な説明は、「宇宙の初期の短期間に、一気に引き伸ばされ、しわやひだがまっすぐになり、規則正しく均一な空間が残った」というものだ。

宇宙の歴史を逆さに回す

この説明が直感的に納得できるものであったとしても、それはストーリーの一部しか伝えていない。インフレーションの真の力を理解するには、宇宙の歴史を時間を逆転させて想像し、膨張から収縮に変えてみればいい。宇宙の歴史の逆さ回しでは、インフレーションのあいだ、宇宙全体のスケールは「一〇の三五乗」分の一秒ごとに半分になる。

しかし、何かの半分が無になることは決してないのだ。紙を何度、半分に切っても、それが消えることはない。同様に、インフレーションを逆さ回しにすると、空間はどんどん小さくなるが、決してゼロにはならない。これとは対照的に、インフレーションのない宇宙を逆さ回しにすると、何の苦労もなく大きさゼロ、つまり特異点に到達してしまう。

このように逆の視点から見ると、インフレーションは特異点をごくわずかだが過去に押しやることになる。インフレーションを無視した計算では、今日の観測可能な宇宙は、ゼロからサッカーボールほどの大きさまで、「一〇の三五乗」分の一秒未満で膨張したと予測される。

インフレーションを考慮した計算では、半減するのにかかる時間が常に同じで、それが九〇回起きるので、その時間は約一〇〇倍になる（計算はもちろんこれより複雑で、正確な数値についてはかなりの不確実性があるが、これで効果の概略を知ることができる）。

しかし、約「一〇の三五乗」分の一秒から、その一〇〇倍の「一〇の三三乗」分の一秒への増加は、一瞬の出来事にもかかわらず、大きな影響を及ぼす。

ガラス職人が、乱雑に色が混ざったガラスの破片から花瓶を作るところを想像してみよう。これは、特異点がバラバラである状況を大まかに表している。通常のビッグバンのイメージでは、花瓶は短時間で吹き上げられるため、色が混ざり合うチャンスはない。これは、先に述べた予測不可能に変化する宇宙であり、花瓶の各部分は他の部分とは異なっている。

しかし、インフレーレーションによって時間が一〇〇倍になることで、溶けた色が混ざり合い、より均一な仕上がりになるのだ。緩やかな斑点模様のガラスは、私たちが住んでいると思われる混じり気のない宇宙によく合っている。

もしインフレーションの話がこれで終わってしまったら、私たちがすでに知っていることを説明するだけの、取ってつけた話という印象になってしまう。そう、たしかに宇宙は場所によってかなり似通っているよね、と。

しかし、話はこれだけではない。

量子力学は、どこでも完全に同じ宇宙をインフレーションが作り出すことを禁じている。不確定性原理は、小さな差異があることを要求し、若い宇宙のそれぞれの小さな領域は、隣の宇宙よりもほんの少し物質が多かったり少なかったりする。別の言い方をすれば、私たちの想像上の花瓶の色は、よく混ざっているが、少しだけ斑点が残っているはずなのだ。

さざ波は銀河へと……

これまで述べてきたように、私たちが遠い宇宙に目を向けると、光が私たちに届くまでに、長い時間がかかっている。適切な望遠鏡を使えば、宇宙の年齢と同じくらい古い放射線を見つけることができる。これは「宇宙マイクロ波背景放射」と呼ばれている。一九九〇年代以降に測定された、強度が減少したり増加したりする光の変動は、スティーブン・ホーキングやアラン・グースを含む多くの物理学者が一九八二年に発表した、インフレーション理論の予測と見事に一致している。[34]

予測された変動の規模を視覚化する一つの方法は、穏やかな海の水面のさざ波を思い浮かべることだ。水深は何キロメートルもあるが、その上に立つ波はせいぜい数センチメートル程度で、ほとんど目立たない。

しかし、ダークマターを使ったシミュレーションに、このようなさざ波を含めると、重力が支配的な役割を演じ始める。さざ波は銀河へと成長し、今日の私たちを取り巻く、宇宙の網の目のような、すべてを包み込む広大な構造になる。

星や太陽系は、こうやってできた銀河の内部でしか作られないのだから、この地球上のすべてのものを含め、私たちが目にするすべてのものは、宇宙が誕生してから瞬く間に、ランダムな量子の影響によって生まれたのだろう。これが、私たちの結論である。

量子力学、重力、ダークマター、宇宙マイクロ波背景放射、宇宙の網の目、そして、私たち自身の存在。これらすべてが、インフレーションというビジョンの中で見事に結びついている。

一九八二年の計算では、（不確定性と矛盾してもいけないので）波紋がどのような形をしているかを正確に指示したわけではなく、むしろ波紋の大きさと形を平均的に予測したのだった。これは、（明らかに不可能だが）大洋のすべての波の山と谷の位置を予測することと、どれくらいの割合の山と谷が、どの高さで、どの間隔で存在するかを予測することの違いと同じだ。

量子インフレーションでは、平均的な予測だけを計算することができ、（専門家が「パワースペクトル」と呼ぶ）予測される波の種類の概要は得られるが、私たちの宇宙に存在する特定の波についての詳細は得られない。

頭痛の種

そこに宇宙をシミュレーションする人間の頭痛の種がある。私たちは、宇宙の初期条件を探しに行った。天気と同じように、若い宇宙の正確な描写をインプットすることができれば、シミュレーションは次に起きることを予測できるだろうと期待したのだ。

なぜ、銀河の種類が現在のような組み合わせになったのか？

何がその銀河の特徴を決めたのか？

天の川銀河がどのようにして現在の位置に存在するようになったのか？

ようするに、宇宙の文脈の中で、私たち自身を位置づけるために、単一の明確な歴史が欲しかったのだ。その代わりに得られたのは、要約されたパワースペクトルによって記述される、ランダムな量子の泡だった。

コスモロジストは、この泡を宇宙マイクロ波背景放射の特定の波紋、そして今ここにある私たちの周りの特定の銀河の集まりとして見ている。

しかし、現実には（ヒュー・エヴェレットを信じるのであれば）ただ一つの宇宙があるのではない。パワースペクトルと矛盾しない波紋のすべての可能な集合を含み、銀河、星、惑星のすべての可能な矛盾しない集合へとつながる、無数の宇宙があるのだ。
宇宙の集合は、それぞれ、偶然によるランダムなパターンに従って進化する。別の言い方をすれば、私たちの特定の宇宙は、無数のサイコロの目によって始まったわけだ。サイコロの目がどう出たかを正確に知る方法はなく、私たちの始まりを完全に再現する方法もない。私たちは、自分たちの歴史を特定する前に、さまざまな可能性をシミュレーションする必要がある。[35]
このような巨大な寄せ集めのシミュレーションにどう対処すればいいのだろうか？ 量子コンピュータの着実な進歩は、いつか計算化学に革命をもたらすかもしれないが、宇宙論のシミュレーションを同じように救うことはないだろう。
というのも、宇宙は分子一個に比べて圧倒的に複雑なため、量子コンピュータが有用な貢献をするためには、格段の進歩を遂げる必要があるからだ。量子コンピュータがそのような高度なレベルにまで到達することはないかもしれないし、少なくとも、私が生きているうちには無理だろう。

組み合わせから見えてくるもの

一方、従来のコンピュータでシミュレーションをする場合、可能性のある宇宙の中から一つだけを選び、他の宇宙のことは忘れてしまう。個々の仮想宇宙は、サイコロの目が異なるため、細部において私たちの宇宙とは異なるだろう。

もっとも、ランダムだからと言って、完全に予測が不可能というわけではない。これは日常的な状況でもよく知られている。たとえば、二つのサイコロを振ってその値を足すと、(六が二回必要な)一二になる確率は、(六と一や五と二などの組み合わせから出る)七になる確率よりも、ずっと小さいことに気づくはずだ。宇宙のランダムな過程から、どのような傾向や規則性が生まれるかを問うことは、たとえ(現実との)完全な一致が無理であったとしても、正当な試みだと言える。

そのため天文学者の多くは、個々の銀河のスペックではなく、大きさ、形、色、明るさなどの、全体的な組み合わせに注目している。一つのシミュレーションの大きな領域にある、すべての銀河についてこれらを計算すれば、実際の宇宙における、やはり大きな領域から得られた観測結果と比較することができる。

一度に一つの基準をチェックするだけではない。さまざまな性質が互いに相関していること（たとえば、星の大きさと数の傾向や、形と色の傾向）もチェックできる。この検証プロセスは、近年大きな成功を収めており、銀河の全体的な組み合わせは、かなり現実と一致している。[36]私たちは天気というより気候のようなものをシミュレーションしているのであり、特定の宇宙の詳細よりも、予想される全体的なパターンを検証しているのだ。

この取り組みが成功しても、すぐさま重要な知見につながるわけではない。シミュレーションの目的が現実の宇宙を解釈し理解することであるならば、傾向を再現すること自体に特別な価値はない。重要なのは、そのような傾向になる「原因」を突き止めることだ。

第三章では、シミュレーションが、宇宙初期の薄暗く断片的な銀河の「影」を再現するようになった例を紹介した。シミュレーションのサブグリッドがそのような一致を達成するために、特別に調整されていたのであれば、特に際立った成果ではない。

だが、状況は違った。現代の銀河を理解するために設けられたサブグリッドが、遠い祖先の銀河をも理解できたからこそ、エキサイティングだったのだ。シミュレーションで「傾向」を研究する科学的価値は、思いがけないつながりを見出すことにあり、傾向そのものを再現すればいいわけではない。

統計的なパターンを研究することで、大きな成果を上げられるが、それによって明らかになることには限界がある。どの銀河も平均的な銀河ではないし、どの人間も平均的な人間ではない。さらに悪いことに、傾向は必ずしも直接的なつながりを意味しない（「相関関係は因果関係を意味しない」という格言を思い出してほしい）。

たとえば、ハロッズで買い物をする人は金持ちの傾向がある。だからといって、金持ちだから必ずハロッズで買い物をするというわけではないし、ハロッズで買い物をしたから金持ちになるわけでもない（むしろその逆かもしれない）。

同様に、シミュレーションした銀河の傾向が、現実の傾向と一致したとしても、なぜそのようなつながりが存在するのかについて、結論を急ぐのは危険だ。銀河の特徴を理解するには、別のアプローチが必要なのだ。

「もしも実験」

二〇一六年、私の同僚であるニーナ・ロス、ヒランヤ・ペイリスと私は、量子ランダム性にもかかわらず、「なぜ物事はそのようになるのか」という、宇宙の初期と後期の因果関係をもう少し掘り下げる方法がないかと考え始めた。[37]

ペイリスは私の長年の共同研究者であり、大きな疑問を投げかける才能とビジョンを持っている。ロスはペイリスのグループの博士研究員で、彼女は最近、宇宙論シミュレーションに適した初期条件を生成するコンピューター・コードを書いた。そのようなコードはみな、乱数発生器を使っていた。それは、量子力学が予測する多重性から、特定の宇宙を作り出す方法である。

しかし、インフレーション理論では、初期宇宙がランダムな結果を生み出すが、シミュレーションがそれに倣う必要はないと私たちは考えた。

双六《すごろく》の結果に興味があるとしよう。サイコロを振る代わりに「六が出たらどうなるか？」と想像することができる。あるいは、五が出たらどうなるだろうか？　そういったシナリオを演じてみるのもいいかもしれない。ルールの範囲外だが、結果の範囲を理解することができる。

シミュレーションの初期条件を変更し、完全にランダムではなくすることは、仮想宇宙内でこのような「もしも実験」をおこなうようなものだ。ロスは偶然を受け入れる代わりに、初期宇宙の量子統計量を操作するためにコードを合わせて書き、一連の選択肢を作り上げた。私たちの銀河を一度シミュレーションした後でも、「波紋がわずかに異なる宇宙では、銀河はどのように見えるのだろうか？」と尋ねてみた。

そう、別のシナリオでは、宇宙の歴史はどのように展開するのだろうか？

私たちがこのアプローチにつけた名前は「遺伝子組み換え」だ。これは、生物学者がある種の遺伝子を取り出し、それを別の種のDNAに継ぎ足し、できあがった生物を研究する方法を指している。

同じように、私たちは、初期宇宙を編集し、その後ふたたびシミュレーションをおこない、変更された銀河がどのように成長するかを研究し、元のバージョンと比較して、起きた変化を理解することができる。

量子力学の法則では、現実のランダムな結果を変えることはできないが、シミュレーションの中では、さまざまな可能性を自由に試すことができる。共同研究が広がったことにより、たとえば銀河の明るさを制御するさまざまな要因や、一部の銀河が星を作らなくなる理由などを特定できるようになった。[38]

さらに進んで、巨大な銀河団を何もない超空洞（ボイド）に変えてしまうような、根本的な変化を起こすこともできる。量子波の山であった部分を、代わりに谷に変えてしまうのだ。[39]

このような操作は、なぜ宇宙のある領域が驚くほど空っぽなのかについて、新たな視点を与え、そうすることで宇宙の網の目の観測から意味のある情報を引き出す精度が高まる。このような精度の向上は、ダークマターとそのさらに奇妙な対であるダークエネルギーを理解する上できわめて重要だ。[40]

ダークエネルギーに支配される宇宙

ダークエネルギーは非常に微弱で、私たちの惑星や太陽系、銀河系でも無視できるほどだが、空の空間を含む「あらゆる場所」で見つかる。そのため、その影響は距離とともに劇的に増幅され、全体としては物質を凌駕《りょうが》しているように見える。

ダークエネルギーは、宇宙のすべての存在の約七〇パーセントを占めている。さらに、（ダークマターであれ、目に見えるものであれ）物質は宇宙が膨張するにつれて薄まるが、ダークエネルギーは薄まらない。だから、最終的には、ダークエネルギーが宇宙全体のほぼ一〇〇パーセントを占めるようになるだろう。

現在の予測にもとづけば、今後一千億年以上にわたって、ダークエネルギーは銀河の形成を完全に止めるほど支配的になり、残った星々は衰えて死ぬだろう。この時点で、宇宙の規模は百二十億年ごとに倍増するパターンに入り、はるかに遅いとはいえ、驚くほどインフレーションを彷彿《ほうふつ》とさせる方法で膨張し続けるようになる。

インフレーションが宇宙の始まりを決めるように、微弱だがどこにでも存在するダークエネルギーの存在が、宇宙の終わりを決めるかもしれない。

まだ確証はない。

二〇〇九年から二〇一一年まで、私は宇宙物理学者で作家のケイティ・マックとオフィスをシェアしていた。彼女は、素晴らしいオフィスメイトであるにもかかわらず、文明の最終的な終焉《しゅうえん》に関する陽気な議論に永遠に取り憑《つ》かれているようだった。そして彼女は、私たちが最終的な運命について、さまざまなバージョンを研究できるように、文字どおり本を書いた。[41]

示唆に富んでいるとはいえ、このような非常に長期的な影響は、銀河系の中心にあるブラックホールの破壊力ほどには私から睡眠時間を奪わない。ダークエネルギーは、自然をより深く理解するための手がかりとして、より即効性がある。

たとえば、それは、量子重力について何か教えてくれるかもしれない。シミュレーションでダークエネルギーの可能なタイプを実験し、インフレーションによる量子ランダム性が、重力、ダークマター、ダークエネルギーとどのように相互作用し、現在私たちが見ているものを形作っているのかを理解することは、私たちが前に進むための一つの方法だ。現状では、ダークエネルギーが私たちに何を伝えようとしているのかを理解するにはほど遠い。しかし、私たちにはデジタル実験室があり、そこでもう少し理解が進むまでいじくり回すことができる。

インフレーションは本当に起きたのか？

ド・ブロイ、フォン・ノイマン、ニールス・ボーア、ハイゼンベルクといった先駆者たちにとって、量子論を宇宙全体に適用するなど、もってのほかだっただろう。

しかし、変わり者のヒュー・エヴェレットは、スケールの小さな量子現象とスケールの大きな宇宙現象とを人工的に分離する必要はないことを示した。私たちの宇宙全体が、より根源的な現実の貧弱な影であり、真に恐ろしいスケールのものであることを受け入れるならば、この二つはまったく違和感なく共存できるのだ。

この洞察《きづき》と、スカラー場が指数関数的な膨張をもたらすという考えにもとづき、物理学者は、宇宙がなぜ均一なのかを説明するとともに、実際に見られるさまざまな銀河の種を蒔《ま》くメカニズムを提供する、インフレーション理論を構築した。この理論は、私たちの宇宙ケーキが非常によく混ざっているという事実を説明し、その特殊な材料についても説明してくれる。

この考えは、実験室で検証された物理学からは、大きく飛躍したものであり、すべてのコスモロジストが、インフレーションを説得力のある理論と認めているわけではない[42]。しかし、宇宙の始まりにおいて何が起きたのか、その完全な全体像にたどり着くまで、少なくとも有用な代替手段としては役立つ。インフレーション、ダークマター、ダークエネルギーにもとづくシミュレーションと、私たちの宇宙の構造とを比較研究することで、あらゆる推測を見直せるかもしれない。

あるいは、まだ存在しない、より良いアイデアに置き換えることができるかもしれない。ところで、検証すべき予測はまだある。インフレーションのあいだに発生したはずの重力波の証拠を見つける競争が始まっているのだ。もしそのような重力波が発見されれば、インフレーションが起きた可能性はより高くなるだろう。[43]

地球でブラックホールが発生する懸念

しかし、完全に決着がつくことはないかもしれない。ダークマターとは異なり、地上の実験室で直接インフレーションを検証できるとは考えにくい。そのエネルギーは、大型ハドロン衝突型加速器（ＬＨＣ）が利用するエネルギーの約一兆倍もあるからだ。この条件を再現する実験ができたとしても、それは得策ではないかもしれない。

ＬＨＣが二〇一〇年に運転を開始したとき、地球を呑み込むブラックホールが発生するかもしれないと心配された。あるいはさらに劇的に、素粒子を不安定にし、ワインバーグとグースが初期宇宙について仮定したような、相《そう》変化を引き起こし、この宇宙そのものが終焉を迎えるかもしれないとも懸念された。このような可能性は真剣に評価されたが、ＬＨＣ程度のエネルギーによる素粒子同士の衝突は、宇宙では定期的に起きており、悪影響はないため、最終的には安全だと結論づけられた。[4]

だが、このような議論は、宇宙インフレーションの条件を真剣に再現しようとする実験には当てはまらない。そのような実験は、この宇宙を本当に終わらせてしまうかもしれない。それは憂慮すべき事態だが、おいそれとは手の届かない実験領域でもある。

この本で説明した理論や現象の多くが、暫定的なものだとしても、私たちの宇宙のシミュレーションには、それらを含めざるをえない。ダークマター、ダークエネルギー、星やブラックホールのサブグリッドの詳細、そして今やインフレーションとそれがもたらす宇宙の初期条件などだ。

その他の現象、たとえば磁場や、光速に近い速度で宇宙を疾走する、宇宙線と呼ばれる小さな物質の塊などについては、それぞれ一冊の本が書けるほどで、シミュレーションに及ぼす影響も精力的に研究されている。しかし、今のところ、それらが私たちの理解に大きな違いをもたらすことはなく、むしろ細部への修正にとどまっている。シミュレーションは、その性質上、完全なものにはなりえないが、銀河を記述するための最も重要な要素の概要を私は説明したつもりだ。

材料を扱った後は、結果を再検討しよう。シミュレーションは、宇宙空間に実際に存在するものと単純に比較できるような予測を生み出すものではない。すべてのシミュレーションは、近似であり、カオスはわずかな不正確さを宇宙規模にまで拡大する。また、インフレーションは、時間の始まりを明確に記述するのではなく、膨大な範囲の可能な出発点を与える。気候学者が百年後の正確な天気を知ることができないのと同じように、シミュレーションのコードは、宇宙の仕組みに関する一般的なガイドラインを超えるものを与えてはくれない。

麦と籾殻を区別する

それでもコスモロジストは、現実の宇宙とシミュレーションとを比較し、ダークマターの性質や、ダークエネルギーが宇宙を押し広げている速度、あるいは百三十八億年前の万物の起源を支配していた物理学について、何かを推測したいと考えている。

これを達成するためには、自動化された望遠鏡が収集する膨大な量のデータを知的ふるいにかける必要がある。そのデータは、シミュレーションと比較されなければならないが、単純な一致を求める方法ではない。コスモロジストの仕事の一つは、麦と籾殻《もみがら》とを区別することだ。私たちのコンピュータ世界と現実世界とのあいだで、何が一致しているのか、何が本当に違っているのか、何がランダムな気まぐれの結果なのか、何がまだ分かっていないのかを判断する必要がある。

人間は宇宙にあるすべてのデータを消化することはできないし、シミュレーションの結果もすべて把握することはできない。いまや、私たちはますますコンピュータに仕事を任せるようになってきている。そのためには、まったく異なるタイプのシミュレーションが必要になる。

それは、思考のシミュレーションだ。

6章

考えること

ヘパイストス神の番犬

知能を備えた機械は、長きにわたり人間の夢だった。ギリシャ神話では、ヘパイストス神が、動いたり対話したり考えたりすることのできる、人工の生き物を作りあげた。ホメロスによれば、ヘパイストス神の作品の中には「不老不死」の二匹の金属製の番犬もいたという。[1] なんと便利なことか。

犬の動きを再現できるほどの自動機械《オートマトン》の精巧さは、目を見張るばかりだろう。四本の脚の動きを同期させて、デコボコの地形を効率よく移動するには、適応能力が必要だ。地面の三次元の輪郭を絶えずスキャンし続け、そこを安全に横切るための戦略を立て、その抽象的な計画を、実際の足の動きに変換していく必要がある。そのうえ、このヘパイストス神のロボットたちは、番犬の役割を果たすために、周囲の潜在的な脅威を感知して、迅速に対応策を決定できる能力を持っていたに違いない。

そのためには、私たちがコンピュータに備わっているとは考えもしないレベルの、知性と自己決定力が必要だ。しかし、二十一世紀初頭、人類はついに、その高度な精巧さを現実の自動機械《オートマトン》として達成した。賛否両論あったが、警察が機械の警察犬を試しに採用したのだ。[2]

この種のロボットたちは、実際に働かせてみると、不気味なほど生きているかのように見えるものだ。その動き方や、特定の目的に集中する様子には、個性や人格を感じさせる何かがある。ある宣伝ビデオでは、ロボドッグがドアを開けるのを人間が邪魔する姿が描かれている。その後の、ロボドッグが逆境に打ち勝つ短編物語は、心にグッとくるものがある。[3]

ここでの感情は、見る人の中に存在している。このようなロボットたちに意識がある気配はまったくない。しかし、彼らは間違いなく知性的だ。ここで、意識と知性を区別することが大切だ。

意識を発生させる源《みなもと》とその意義は厄介な問題だが、知性は比較的単純に作りだすことができるからだ。何かが確実に知的なふるまいをするのであれば、それは当然、知的なものとして受け入れられる。人間も、犬も、クモも、ナメクジも、それぞれに知的だ。つまり、知性の程度には、考慮すべき差があるのだ。

しかし、あちこちに脱線することを避けたいので、ここでは「私たちは知性を目の当たりにすると、それを認識する」とだけ仮定し、感情や意識については、哲学者や神経科学者に任せることとしよう[4]。

機械に人工知能を持たせるためには、プログラマーはなんらかの方法で、規則に厳密に従うコンピュータを、柔軟に考えることができる機械に変える必要がある。

バカバカしい野望のように聞こえるかもしれない。でも、これまでの章では、ダーク・ハロー、銀河系、ブラックホール、宇宙、あるいは単一分子のシミュレーションが、いかに無茶で野心的なものであるかを語ってきた。こうした物理学的問題を扱うコツは、現実をバーチャルに単純化し、あとで必要に応じて細部やニュアンスを少しずつ追加してゆくことだ。

人工知能と宇宙論

知能もまた、人間や動物の脳を正確にコピーせずに模倣することができる。実用的な目的にとって重要なのは、外部の世界に示されるふるまいだけだ。一九五〇年、アラン・チューリングはこの洞察にもとづき、相手が人間か機械かがわからない状態で、人間の質問者がテキストメッセージを通じて対話する実験を提案した。[5] チューリングによれば、どのような話題であれ、長時間会話をかわしたあとで、自分が話している相手が人間なのか機械なのか、質問者が見極められないなら、そのコンピュータは知的とみなされるべきなのだ。

この実験は完全ではなく、異論もたくさん唱えられてきた。ともあれ、この実験は人間の言語という、限られた狭い視野の知能だけを問題としている。芸術、スポーツ、音楽に関する知性についてはどうだろう？　もっともな反論だが、チューリングのいちばん重要な論点はさらに深い。彼が強調したかったのは、誰かの脳を物理的に検査しても、特定の作業への適性を知ることができないのと同じで、機械を物理的に検査しても、その機械が知的かどうかはわからない、ということなのだ。私たちの唯一の選択肢は、行動を評価することである。

二〇二〇年代初頭、思考のシミュレーションは、確固たる知能に向けて急速に発展を遂げている。（印刷、紡績機、蒸気機関、電気、肥料、自動車、インターネットなど）あらゆる重要な技術的発展と同じように、それが社会へもたらす混乱は、甚大かつ予測不能だ。

現時点では、人工知能はその全体的な適応性という点では人間レベルには及ばないが、特定の限られた課題に対しては、充分な精度と柔軟さで熟練した仕事をこなせるようになっている。たとえば、記録の保持、情報の検索、画像の作成、顔の識別、列車の運転、医療用スキャンの解釈、買い物習慣の予測、エッセイの執筆、さらには基本的な法律の分析などだ[6]。

人工知能はまた、宇宙論など多くの科学においても避けて通れない存在になりつつある。その理由を知るために、ヴェラ・C・ルービン天文台を例にとってみよう。ルービン天文台の望遠鏡は、個々の天体にズームインするために使われているわけではない。全自動で天空を調査し、そこに何があるのかをスキャンしているのだ。見晴らしのよい、チリのパチョン山の頂上にあるこの望遠鏡は、約二〇〇億個の銀河を発見し、分類し、監視するだろうと期待されている。

それと同時に、何千もの小惑星を発見して軌道を決定し、衝突の危険性があるかどうかをチェックしてくれる（脅威がないか、地平線を見渡している、ヘパイストス神のロボットたちと大差はない）。この観測から得られる情報量は、一晩で高画質の映画九〇本分にあたる、一五テラバイトにのぼり、その観測は十年間続く。[7]

こうした望遠鏡からの生の出力を、宇宙に関する情報に変えるためには、大規模なデータ処理が必要となる。個々の写真に写っている天体を識別し、それが星なのか、銀河なのか、クエーサーなのか、小惑星なのか、あるいはそれ以外の何かなのかを分類し、以前に撮影された映像と比べて、その天体が動いていたり、変化していたりするかを判断しなければならない。

知性に関する別のビジョン

それから、コスモロジストは、超新星や銀河やクエーサーまでの距離を推定し、宇宙の三次元マップを作成する。最後に、この三次元マップを宇宙論シミュレーションと比較することで、物理学への影響を判断することができる。たとえば、ダークマターやダークエネルギーについて、何か新しいことがわかるか、などだ。しかし、これらすべてを人間だけでやろうとしても、とても手に負えない。

少なくとも二十年以上前から、天文学者たちは、このプロセスの各ステップを自動化する人工知能技術に取り組んできた。その手始めの一つが、私たち自身の脳のニューロンの物理的な働きから大まかなヒントを得て、デジタル脳を作る試みだ。できあがったコンピューター・コードは、赤ん坊のように、「生まれつき」の知識や能力を備えていない。求められたタスクを実行できるように、訓練しなければならないのだ。私たちは、このひよっこに、何千、何百万もの指導例を教えてやる。

それは、私たちが知っている星、クエーサー、銀河の違いの説明だったり、もっと一般的な、機械にやらせたい仕事の具体例だったりする。シミュレーションされた脳は、生き物の学習に似た方法で、仮想のニューロン同士のつながり方を変更して反応する。こうして、作業の準備が整う。

機械学習と呼ばれるこのアプローチには、計り知れない柔軟性がある。しかし、コンピュータが何を学習したのか、なぜ特定の結論に達したのか、そしてその結論を科学的な推論に利用できるのかどうかを理解するのは非常に難しい。

私は、その代わりに、逆の特性を持つ、知性に関する別のビジョンから話を始めようと思う。

その思考法は、柔軟性に欠けるが、透明性があり厳密だ。このアプローチはベイズ統計学にもとづいている。それは、理想化された、合理的で科学的な思考を記述する、小さな論理規則の集まりだ。

このコンピューター・コードには、(機械学習のように)順応性のある生物学的構造を大まかに真似する代わりに、私たちがすでに知っていることがら、たとえば星やクエーサーや銀河がどのようにして輝いているか、といったことが書かれている。また、論理的思考のステップについても正確に書かれている。この方法の大きな利点の一つは、すべてを一から学習しなければならない機械学習のアプローチとは異なり、既存の人間の専門知識を直接コンピュータにコード化できることだ。

火星の生命

事前に教育された、論理的な機械知能の価値をいち早く認識したのは、著名な化学者ジョシュア・レダーバーグだ。一九四二年、若干十七歳だった彼は、コロンビア大学の学士課程に進み、研究所の一つでアルバイトを始めた。研究所の所長フランシス・ライアンの指導の下、レダーバーグは有機化学と生命に魅了されるようになった。ライアンの妻は、「ガラスの割れる音がすると、ジョシュアが研究室にいることがわかりました……彼の頭は、手よりもはるか先を進んでいたのです」と、回想している。[8]

一九六〇年には、レダーバーグはノーベル賞受賞者であり、分子生物学のパイオニアであり、アメリカの宇宙計画のコンサルタントでもあった。NASAは、火星に着陸して生命の痕跡を探すという野心的なプロジェクト、バイキング探査計画を進めており、レダーバーグは火星の土壌の化学組成を測定する装置の設計に携わった。[9] 質量分析計と呼ばれるこの検出器は、空港で見かける現代の麻薬・爆発物検出器に似ていた。

この装置は、分子を検出して分類する際に、非常に間接的なアプローチをとる。サンプル中の分子を拡大して撮影する顕微鏡を開発することは不可能だ。分子の構成物質は、あまりにも小さく、多すぎるからだ。その代わりに、分子は電子の照射によって破壊され、分光計がサンプル中の断片の質量を測定し、[10] 研究対象の化学物質に特有の、暗号化された「指紋」を作成する。

たとえば、禁止されている化合物をこの質量分析計に通して、後で参照できるように結果を保存できる。実際、ある物質の化学構造がわかっていれば、実験室で手を汚す必要はなく、[11] コンピューター・シミュレーションによって照射効果を再現し、その結果を予測することができる。とにかく、未知の試験物質から採取した新しい「指紋」があれば、人間であろうとコンピュータであろうと、既知の化合物のライブラリーを検索し、一致するかどうか確認できるのだ。[12]

これは科学者のあいだで「逆問題」と呼ばれており、原理的には可能だが、実際に解くのは難しい。目の前に犯罪者がいて、その指紋の記録を取るのは簡単だろう。しかし、その「逆問題」は難しい。犯罪現場に指紋があり、そこから犯人を特定する場合、うんざりするほど記録を検索しなければならない。

火星で現在または過去の生命の痕跡を探すとなると、事態はさらに面倒で、遭遇する可能性のある有機分子の種類について、見当すらついていない。それは、地球には存在しない物質かもしれないのだ。バイキング探査計画には、新しい分子の構造を推測するシステムが必要だとレダーバーグは考えた。それはまるで、未知の惑星で、一度も遭遇したことのない犯人の指紋を頼りに、事件を解決するようなものだ。

充分な時間があれば、人類はこの逆問題に、次のようなアプローチが取れるだろう。まず、可能性のある化学構造を推測して、その構造の「指紋」をシミュレーションし、次に、導きだされた予測と、火星での実際の記録とを比較する。一致しなければ、新しい推測からやり直す。このアプローチは理にかなっているが、合理的に推測できる分子がたくさんありすぎて、並外れて面倒な作業となる。

人工知能の世界の伝説

レダーバーグは、こうした検索において、コンピュータが人間の知性に取って代わり、あり得る構造を自動的に提案し、その「指紋」を現実と比較することができると考えた。

スタンフォード大学で働いていた一九六五年に、彼はコンピューターサイエンス学科のエドワード・ファイゲンバウムに出会った。ファイゲンバウムは当時すでに、科学的な思考プロセスをコンピュータで再現することに興味を持っており、レダーバーグは彼に最適な問題を提供した。それは、二十年間にも及ぶプロジェクトとなり、人工知能の世界の伝説となった。DENDRAL《デンドラル》*だ（訳注：DENDRALは、未知の有機化合物を質量分析計で分析し、既知の有機化合物のどれに該当するかを推測する。世界初のエキスパートシステム）。

DENDRALの論理の連鎖は、いくつかの重要な段階を経て進行した。まず、既知の元素を含む、考えられるすべての化合物をリストアップした。次に、質量分析計の結果を見て、人間の専門家《エキスパート》によって事前にプログラムされた大量のルールを使い、リストアップした化合物のうち、どの可能性が高いかを推測する。最後に、物理学シミュレーションによって、候補の化合物それぞれの詳細な「指紋」を作成し、現実と比較した。全体としては、抽象的な質量分析計の結果から、具体的な化学構造へと素早く飛ぶことができた。

このアプローチは見事に機能したが、結果は期待外れだった。バイキング火星着陸船も、それ以降の探査機も、生命が存在したという決定的な証拠を発見することはできなかったのだ。

しかし、探索はまだ終わってはいない。

二〇二〇年代後半に、質量分析計を搭載したESA《イーサ》（欧州宇宙機関）の探査機「ロザリンド・フランクリン」が火星に着陸する。[13] フランクリンは地表を走行し、さまざまな場所で停止して地下二メートルまで掘削し、生命が存在する証拠を探す。仮になんらかの兆候が発見されれば、その正確な化学組成を推測することが、この時代の最も重要な科学プロジェクトの一つとなるだろう。

＊この名前は「樹状突起（dendrites）アルゴリズム」に由来する。「樹状」とは、有機分子の樹木のような枝分かれ構造を指す。

不確かで、曖昧

これと同じような逆問題は、天文学をふくめ、科学の至るところに存在する。銀河の星形成の歴史を再構築したり、遠くの惑星の大気を割り出したり、宇宙の内容物を量ったり、超新星を探したりすることは、かつては画像をしらみつぶしに調べる人間の専門家の仕事だった。DENDRALと同様の論理に従えば、私たちは専門家の労働を、機械的な反復操作に置き換えることができる。コンピュータが、与えられた観測結果に対する説明の候補をすべてリストアップし、それぞれの可能性を仮定して、何が見えたはずかを計算し、現実と比較してどの説明が最良かを確定する。

しかし、これまでのアプローチには、重要な要素が欠けている。不確かさだ。私たちの知識はすべて、ある程度、曖昧なものだ。現時点では、かつて火星に生命が存在したかどうかは、私にはまったくわからない。

将来の宇宙探査ミッションで暫定的な証拠が見つかれば、自信は高まるが、確信には至らない。同じように、ダークマターが存在するかどうか確信はないが、今ある証拠と、他の有力な可能性がないことを考えると、存在する可能性はかなり高いと思う。

たとえ不確かさが取り除かれたように見えても、慎重であり続けることが科学者の仕事の一部だ。なぜなら、私たちは実験や測定器について完全には理解しておらず、いずれにしても完璧とは言えない測定しかおこなえないからだ。ダークエネルギーの場合を考えてみよう。この本を書いている時点では、最も正確な方法によると、宇宙の内容物の六八・五パーセントがダークエネルギーであるとされているが、この推定値は二パーセントの範囲で別の数値になりうる。[14]

技術の向上により、より正確な測定が可能になったため、不確かさは時間とともに減ってきている。だが、その不確かささえも、慎重に受け止めなければいけない。一般相対性理論が完全には正確でない可能性を考慮すると、ダークエネルギーによるものとされる現象は、エネルギーの存在ではなく、重力についての私たちの不完全な理解が反映されているとも考えられる。[15]つまり、測定において避けられない不完全性や、関与している科学理論の仮定的な性質から、疑念が生じることがあるのだ。

太陽が西から昇る可能性

極端な例をあげれば、太陽が常に東から昇るということは、私にとって疑問の余地はない。しかし、人類がまだ発見していない物理法則によって、来週の火曜日の夜に突然、地球の自転方向が逆転し、水曜日には太陽が西から昇るという、わずかな可能性について、多少の疑いを残しておく必要がある。可能性は極めて低いが、合理的な理由だけでは否定しがたいからだ。科学哲学者はこれを「帰納法の問題」と呼んでいる。いくら過去の経験を積み重ねても、将来の変化を論理的に否定することはできないのだ。

こうした類の心配は、実際に起きることはほとんどなく、屁理屈のようなものだが、どんな単純な科学的結果を引用する際にも、そこには、必ずさまざまな疑いが含まれているものなのだ。時には、日が昇る方角のように、疑い過ぎる必要などない場合もあるし、ダークエネルギーの正確な割合のように、疑ぐってかかることが大事な場合もある。

コンピュータが優れた科学的推論を再現しようとするならば、こうした階層的な疑いの可能性を考慮しながら、DENDRAL のような論理的で体系的なアプローチに従う必要がある。幸いなことに、そのための完璧な枠組みがすでに存在している。

ベイズ統計だ。

科学者は、それぞれの命題を真か偽かではなく、一とゼロのあいだの数値で表すことができる（訳注：たとえば「宇宙の六八・五パーセントはダークエネルギーだ」という科学的な主張を命題と呼ぶ。本来、命題とは真か偽が決まる文章のことだが、ベイズ推論では、真と偽のあいだの確率を考える）。このような数値は確率と呼ばれる。数値がゼロの場合、その命題は間違いなく偽だ。確率が一であれば、その命題は議論の余地なく、一〇〇パーセント真だ。

しかし、現実の世界に関する記述は、誰も確信することができないため、この両極端のあいだの確率となる。もし私が、ある考えを支持する証拠を見つけたら、その考えの確率は一に近づき、証拠がその考えと矛盾する場合は、確率はゼロに近づくはずだ。適応力のあるロボット科学者も同じように、白黒がはっきりしない灰色の領域でも、推論できなければならない。

ベイズ論理と回転する宇宙

私が一時にカフェに到着して、注文をしたとする。過去の経験から、私は三十分以内に料理が届くことを確信している。ベイズ統計学の用語では、料理が到着する確率は一にかなり近い。

しかし、時間が経っても何も運ばれて来ず、注文が忘れられているのではないかと私は心配し始める。時間内に料理が届く確率は低下してゆく。あたりを見回すと、他の客もみな腕時計を気にしながら待っている。確率はさらに下がる。店員の注意を引くこともできず、期限の一時半まであと数秒というところで、確率は限りなくゼロに近づく。だが、最後の瞬間、食事が運ばれてきた！　突如として、確率は一まで急上昇する。

このカフェでの状況は、確率がいかに思い込みの度合いを反映し、新しい情報が入ってくるたびに、それに応じて変化しやすいかを示す良い例だ。確率は、頻繁かつ劇的に変動する可能性があり、人によって大きく異なることもある。料理を準備するシェフや、厨房が手一杯であることがわかっているウェイターは、一人ひとり、私とはまったく異なる確率を保持しているかもしれない。これらの確率は、異なってはいるものの、どれも誤っているわけではない。むしろ、それらはすべて「条件つき」であり、その違いは、登場人物それぞれのさまざまな知識を反映しているのだ。

これまでのところ、確率が増減する理由についてのみ説明しており、数値が正確にどの程度変化するかという問題は未解決のままだ。カフェの場合、数値的な確率は、めったに定量化されたり比較されたりしないため、重要でないように思われる。

しかし、確率を用いて宇宙に関する新しい情報を評価するロボット科学者にとっては、特定の証拠が確率のバランスを決定的に変えるのか、少しだけ変えるのか、あるいはほとんど変えないのかを知ることが不可欠だ。ベイズ統計の中心的な主張は、新しい情報に照らして、確率を更新するための理にかなった方法は、一つだけだ。この変更は「ベイズの定理」と呼ばれる方程式によって決定される。

そのため、この仕組み全体が、ベイズ確率、ベイズ論理、またはベイズ統計などと呼ばれている（十八世紀の聖職者トマス・ベイズが、その名を冠した研究分野を確立するのに貢献したのは、むしろ周辺的な部分であり、中心的な役割を担ったのは、物理学者ピエール＝シモン・ラプラスだったのだが、ベイズの名の方が今も色濃く残っている）[16]。

ベイズの定理は、確かなことは何もなく、何を信じるべきか誰も決定的に語ることはできないが、「新しい証拠が、予測可能な方法で私たちの意見を変えるはずだ」という、研究者の考え方を数学的な形で表現している。天文学において、ベイズ確率の実用的な重要性は、強調してもし過ぎることはない。

ベイズ確率は、宇宙マイクロ波背景放射の観測結果から宇宙の組成を推定したり、重力波を解読してブラックホールを理解したり、遠く離れた惑星の性質を推測したり、天の川銀河内のダークマターの重さを量ったりするために極めて重要だ。[17]これらはすべて決定的な証拠が一つもない、厄介な問題だ。ベイズ（正確にはラプラスだが）は、さまざまな観察と結果をすべて統合して、可能性が高いものと可能性が低いものを、一元化して評価する枠組みを提供してくれた。

ベイズ確率論は私自身の研究の中心であり、その応用例の中でお気に入りの一つが、宇宙の物質の動き方に関するものだ。第二章で、ヴェラ・ルービンが「宇宙が全体的に回転しているのではないか？」と考えたことで、天体物理ジャーナル誌（*Astrophysical Journal*）の編集長や他の権威ある研究者から「見当違いも甚だしい」と、怒りを買ったエピソードを紹介した。[18]

今日、私たちの見解は異なる。

宇宙の回転は、実際には極めて重要な疑問なのだ。一九六〇年代から七〇年代にかけてスティーブン・ホーキング博士がおこなった理論計算によると、宇宙がらせん運動をしている可能性は充分にあるが、インフレーションのような何かが起これば、らせん運動は打ち消されてしまうことが指摘された。[19] したがって、宇宙全体が回転しているかどうかを調べることは、ごく初期の宇宙をさらによく理解する助けとなる。

〇・〇〇〇八パーセント

数年前、私はこの問題にベイズ論理を当てはめた。ルービンが探索をやめた後、ホーキング博士は、宇宙が回転するシナリオにおいて、ビッグバンの光がどのように歪《ゆが》むかについて、予備的な計算をおこなった。[20] 私は自分の博士課程の期間中、シミュレーションから離れ、その影響のより完全な計算をおこなった。[21]

その結果、まるで誰かが宇宙の熱い部分と冷たい部分をかき混ぜたかのような、サイケデリックな渦巻きが宇宙マイクロ波背景放射に生じることが予測された。データにはそのような渦巻きは見られなかったが、その大きさと強さは宇宙の回転速度に依存し、ごくわずかに残留した回転が、量子のさざ波によって部分的に隠されている可能性がある。

二〇一六年、私と共同研究者たちは、ダニエラ・サーデという新しい学生と協力して、宇宙マイクロ波背景放射を精査し、微妙な渦を調べ上げた。コンピュータ抜きでは誰にもできない作業だ。そもそも、情報量が圧倒的に多い（五〇メガピクセルのデジタルカメラの画像に匹敵する）。

そのうえ、この途方もなく大きな画像は、単に一つの兆候ではなく、圧倒的な可能性の一覧と比較しなければならないのだ。回転する宇宙は、どんな速度でも、どんな方向へでも回転する可能性がある。これらすべての要因が絡んでくるため、人類は宇宙が回転しているかどうか、明確な答えを決して得ることはできないだろうが、ベイズ統計によって確率を計算することはできる。

宇宙が回転している確率は〇・〇〇〇八パーセント、つまり一二万一〇〇〇分の一と、驚くほど小さかった。コンピューター・コードは、熱心な専門家の役割を果たし、徹底的な調査の結果、宇宙が回転している可能性を完全に排除することはできないものの、その可能性は極めて低いことを教えてくれた。私たちはこれを、インフレーションによって、初期宇宙から回転が取り除かれるという説が、理屈にあっていることを示す、一つの証拠だと考えた。

回転する宇宙は、かなりニッチなプロジェクトだったが、私たちが宇宙のきりもみ飛行に巻き込まれていないことがわかって安心した。ただし、ベイズ的アプローチは、とりわけ、宇宙の内容や膨張速度の定量化など、もっと主流な使い方がたくさんある。その中でも、天文学者がほぼすべての分析において、いかにして、定型的だが重要なステップを機械に頼るようになったのか、そして、なぜそれが時として重大な問題を引き起こすかを示す、注目すべき例がある。

赤方偏移を利用する

観測天文学は大まかに二つの活動に分けられる。

個々の天体を研究することと、そうした天体が宇宙に散らばっている場所を示す地図を作成することだ。地理的な地図は馴染み深いが、一万六千五百年前にフランスのラスコー洞窟に描かれたような最古の絵には、地上の代わりに星の図が描かれているものもある。[22] 今日、宇宙のマッピングは、宇宙の網の目を明らかにし、ダークマターやダークエネルギーについて教えてくれる可能性があるため、熱心に研究されている。

しかし、この潜在的な可能性を実現するためには、天文学者はまず、二次元画像で見た星や銀河の位置が、物語の一部しか語っていないことを受け入れなければならない。宇宙を理解するためには、三次元目の奥行きを取り入れる必要がある。

二次元画像に奥行きを加える最も一般的な方法は、赤方偏移と呼ばれる効果を利用することだ。光は宇宙を伝わってゆくにつれ、色が徐々に変化する。たとえば、青い光線は、数十億年ほど進むと緑色に見えるようになる。さらに数十億年経つと赤色になり、その後は、目に見えない赤外線へと変化し続ける。

その根本的な原因は、宇宙の膨張にある。光が「引き伸ばされる」ことで、色の変化が生じるのだと想像してほしい。銀河が遠くにあればあるほど、銀河からの光が進む距離が長くなり、光は引き伸ばされて赤方偏移する。天文学者が特定の銀河の見かけの色を測定すれば、その銀河がどれくらい遠くにあるか、正確に測ることができる。

この効果を利用して三次元地図を作成するには、天文学者は銀河の「元の色」を知る必要がある。さもないと、光が時間とともに赤くなったのか、最初から赤かったのか、判断することができない。星はほぼ白く見えるが、暗い夜空に目が慣れてくると、ほんのり光の虹が見え始める。

オリオン座を見てみよう。ほぼ青いリゲルと、くっきりと赤いベテルギウスが隣り合っている。このように、比較的近くにある星の場合、その色は固有のもので、距離や宇宙の膨張とはまったく関係ないと考えて間違いない。しかし、夜空で、はるかに薄暗い光の点を発見した場合は、その色が星に固有のものなのか、それとも赤方偏移によるものなのか、最初のうちははっきりわからない。

人工知能は、どのようにして、赤方偏移から元の色を解きほぐすのか？

それを説明するには、光と視覚の物理学をもう少し掘り下げる必要がある。私たちが夜空でパステル調のオフホワイト色として知覚しているものは、実際には複雑な情報のごった煮のようなものだ。

暗い夜に明るい星を見上げた時、それぞれの星は、毎秒数十万個の光子（小さなエネルギーの塊）を人の網膜に供給している。一つひとつの光子に固有の色があるのだが、目と脳の複合的な働きによって、数十万もの色が結果として一つの色に集約される。

目は、赤みがかった光子の数、緑がかった光子の数、青みがかった光子の数を推定することによって、光の色を特徴づける。黄色の光子は、赤と緑の中間であるため、赤と緑の両方のカテゴリーに数えられる。同じように、ターコイズ（青緑色）の光は、緑と青の受容体を活性化する。人の脳は、この情報から単一の色の知覚を再構築する。これは人口統計で、子ども、大人、年金受給者の数を与えて、人口の概要を把握するのと似ているが、正確な年齢分布を知ることとはほど遠い。

ぼんやりとした宇宙の地図

私たちは惨めなほどに色覚が制限されている。もし色を実体験する方法があれば、それははるかに豊かなものになるだろう。* 本当の色に近いものを測定することで、固有の赤みと、距離による赤みとの混乱を解消することができる。

星や銀河やクエーサーから発せられる光は、宇宙を旅する前に、すでに無数の色がさまざまな割合で贅沢に混ざった状態になっている。他よりも一般的な組み合わせもあれば、赤方偏移をのぞけば、自然には作り出せない組み合わせもある。もし望遠鏡が、人間の視覚よりも完全な形で色を記録できるのであれば、赤方偏移を推定するための良い出発点となる。

色をその成分に分離したものをスペクトルと呼び、これがダークマターや銀河の理解に役立つことは前に述べた。人間の専門家はスペクトルを素早く検査し、膨大な情報を教えてくれるだろう。

それは銀河なのか、星なのか、クエーサーなのか。銀河であれば、主に新しい星からなるのか、それとも古い星からなるのか。そして重要なのが、光がどれくらい赤方偏移しているかだ。これらのスペクトルは、質量分析計が個々の化学元素の指紋を生成するのと同じように、星や銀河、そこに含まれている物質や距離の指紋として機能する。指紋から赤方偏移の度合いを導きだす作業は「逆問題」だ。

＊私たちの限られた目の知覚は、少なくともエンターテインメント業界にとっては役に立つこともある。テレビを見ているとき、私たちの目は多種多様な色を見ていると思い込んでいるが、実際には

画面に赤、青、緑の光がさまざまな割合で混ざっているだけなのだ。客観的な観察者にとっては、画面が生成する色は、本当の世界の色とはまったく違っているが、私たちの視覚システムは、この錯覚をすんなりと受け入れてしまう。

この特定の逆問題をコンピュータで解くことが、宇宙論にとって不可欠だ。ヴェラ・C・ルービン天文台が観測している何十億もの銀河を処理するには、世界中で専門家が不足していて、忍耐力も足りない。この規模では人間による検査は不可能であり、個々の銀河の光を無数の色に分割するには、尋常でない長さの望遠鏡が必要となるため、詳細なスペクトルを測定することすら遠い夢だ。

その代わりに天文台では、いくつかの異なる色の光の強度を測定する。これは、人間の限られた視覚システムの能力と、スペクトルを取得するという、手の届かない贅沢との中間に位置するアプローチだ。

コンピュータは、こうやって撮影された写真を、赤方偏移だけでなく、さまざまな大きさ、年齢、化学組成を考慮した、考えられる限りあらゆるタイプの銀河に予測される色と比較する。通常、赤方偏移に対して、たった一つの明確な答えはない。コンピュータは、たった一つの勝者を選択するのではなく、さまざまな確率を提供することしかできない。[23] その結果、コンピュータの思考における疑いのレベルを反映した、三次元のぼんやりとした宇宙の地図が作成される。このような曖昧な地図が、二〇二〇年代の宇宙論にとって極めて重要なのだ。

わかっていることと「未知の未知」

ぼんやりとした赤方偏移は、宇宙の膨張速度、ダークマターの量、ダークエネルギーの強さについて結論を導く際に、コスモロジストが遭遇する多くの不確かさの一つに過ぎない。他の原因としては、インフレーションによる量子ランダム性、銀河の数の制限、さらに望遠鏡の欠陥など、より現実的な問題がある。

ベイズの定理はこのような状況にも対応できる。適切にプログラムされたコンピュータは、この不確かさという名の支流を組み合わせて、疑いの川とし、それに対応する控えめな結論を導き出すことができる。しかし、そこには深刻な限界がある。このアプローチは不確かさの流れを特徴づけるが、支流の一つを完全に見逃さないという保証はないのだ。

いくつかの不確かさについては、少なくとも概略を示すことはできる。たとえば、近くの赤くて暗い銀河が、遠くの青くて明るい銀河と間違われる可能性がある。他の不確かさはここまで明確ではなく、まだ特定されていない要因が抜け落ちている可能性もある。これは、元米国防長官ドナルド・ラムズフェルドによって有名になった「未知の未知」である（訳注：まだ知られていない不確定要素があること）。銀河内の星の複雑なライフサイクルは、あまりにも複雑で多様なため、銀河がどのように輝き、時間経過とともにどう変化するかについて、私たちの説明は不完全なものだ。

何十億という銀河を扱う以上、私たちが夢にも見たことのないような、奇妙な性質を持つ珍しい変種がたくさん出てくることを予期しなければならない。このような「未知の未知」の可能性をベイズ確率に含めるのは難しい。しかし、それを無視すれば、三次元マップの最終的な不確定性を、大幅に過小評価してしまうことになる。

生物の脳、テニスの試合

ベイズ論理は科学的推論に、有用で哲学的な見地から、魅力的な説明を提供するが、実際には「最初に世界をどう捉えたか」に縛られている。これは批判ではない。そういう枠組みなのだ。確率は非常に正確な意味を持ちうる。なぜなら、確率は、確定した既存の知識体系を参照するからだ。それと対照的に、人間は大まかではあるが柔軟な思考力があり、予期せぬ事態にもシームレスに適応できるほど学習能力が高い。

この点で、なぜ生物の脳がそれほど優れているのかを理解するには、テニスの試合を想像してみればいい。

ボールが猛スピードで自分の方へ飛んでくるので、どう反応するか決めなければならない。その前に、まずボールがどこに向かっているのか把握する必要がある。あなたの脳は、長年にわたるテニスの練習や、子ども時代からボールで遊び、幼児の頃から世界を理解するために培ってきた感覚から、試行錯誤とくり返しによって学んだスキルを使い、さまざまなステップを瞬時に処理することができる。

このような学習は、学問的や科学的などといった、狭義のベイズ的なものではない。それは生まれつきのものであり、ある意味、ベイズ的な推論より優れている。

私があなたのために、人間と同じように巧みにボールを打てる、ロボットの対戦相手を作ったとしよう。このロボットは、放物運動の法則をプログラミングされ、レーザー誘導による測距機能を備えた完璧な視覚システムを持ち、テニスのルールをすべて理解している。ベイズの定理を使って、あなたがどのショットを打ちやすいか、どのミスを犯しやすいかについての確信を変化させ、それに応じて戦略を適応させることができる。ようするに、すべての試合に勝つ準備ができているのだ。

私のロボットが厳密にベイズ確率論的であれば、あなたはまだそれを打ち負かすことができるかもしれない。ベイズ確率を使う場合、何を学習できるかをあらかじめ指定しておかなければならないからだ。

もし私が、テニスボールのスピンが軌道に与える影響を説明する空気力学の法則をコーディングし忘れて、あなたがボールをスライスする選択をしたら、ロボットは負けてしまう。さらに困ったことに、物理学だけでなく、戦略も学ぶようにしておかなければ、ロボットは決して間違いから学ばない。あなたが何度ロボットを打ち負かそうと、私のロボットは同じミスを犯し続けるのだ。スピンはいつまでたっても、「未知の未知」のままだからだ。まるで、ボールが別の宇宙の物理法則に従っているかのように。

空気力学の欠落を予測して修正し、ロボットにスピンに対する事前知識を与えるか、少なくともスピンについて学習させることはできる。

しかし、もしあなたが私のロボットに、違う地面のコートでプレーしようと提案したらどうなるだろう？

あるいは突風が吹きすさぶ日とか？

くり返しになるが、こういった特殊な要因に適応するように、私がロボットを準備しておかない限り、ロボットには適応不可能なのだ。ロボットのプログラミングの穴を、いくら私が補修しようとも、あなたはおそらく、まだ漏れている別の要因を思いつくだろう。

人間は、特定の不確かさのそれぞれに対して、準備をしていなくても、本質的に順応性が高い。たとえ空気力学の訓練を受けたことがなくても、クレーコートでプレーしたことがなくても、すぐに理解する。こうした知能の適応的な側面は、私がこれまで説明してきたような、形式的な枠組みで再現することが非常に難しい。ベイズ確率が悪いわけではないし、適切な状況下ではとてつもない力を発揮する。

しかし、「未知の未知」の脅威が迫っている時には、完璧な科学的推論という理想像を脇に置き、代わりに、不完全で柔軟な創造的思考を、人間の脳が実現する方法を研究する方が理にかなっている。

一〇〇〇億個のニューロン

私たちの脳はニューロンからできている。ニューロンは情報を伝え、処理する電気信号を制御している。大まかに言えば、それはコンピュータのトランジスタに相当する。しかし、トランジスタの種類はほんの一握りで、電気信号をオン・オフするスイッチを提供するだけであるのに対し、ニューロンは多種多様で、何千もの入力を監視し、それらを多様かつ複雑な方法で組み合わせる。

単純に言えば、ニューロンは、短時間に他のニューロンや感覚から充分な数の入力パルスを受けると、電気活動のパルスを発生させる。一部の入力は強い影響を及ぼし、簡単にニューロンを活性化させる。他の入力ははるかに弱く、他の入力が伴っている場合にのみ影響を与える。入力はマイナスの効果をもたらすように配線することもできる。

そのような入力パルスは、ニューロンがどれだけ活性化を促されようとも、ニューロンの出力を抑え込もうとする。さらにニューロンは、反復的なリズムで電気信号を発生させるなど、ここにあげた例をはるかに超える複雑な挙動を示すこともある。[24]

荷電粒子の動きを支配する物理学から始まって、この複雑な機能の一部を捉えた最初のシミュレーションは、一九五〇年代にアラン・ホジキンとアンドリュー・ハクスリーによっておこなわれた。二人はその後、ノーベル賞を受賞した。[25]

しかし、生物物理学を模倣した点は素晴らしいが、思考をシミュレーションすることからはほど遠かった。それは、一つには、必要となるニューロンの数が膨大だからだ。人の脳にはおよそ一〇〇〇億個ものニューロンが含まれている。ニューロンとその繋がりをマッピングするために必要な解像度で、人間の脳を画像化するだけで、一〇の二一乗バイトの二倍が必要だとされる。[26]これは、現在地球上に存在する、すべてのコンピュータの記憶容量のかなりの部分に相当する。[27]

たとえ、一つの脳の配線図を撮影するという難題が克服できたとしても、それだけでは充分ではない。脳は学習すると変化するからだ。生理学者イワン・パブロフは、食事の時間に定期的にバックグラウンドノイズ（たとえば、メトロノームの音）を聞かせた犬が、その後、その音を聞いただけで、涎《よだれ》を垂らし始める様子を観察したことで有名だ。

一九四九年、ドナルド・ヘッブは、この種の条件づけが、細胞レベルで物理的な根拠を持っている可能性があると唱えた。具体的には、二つのニューロンが連続して発火すると、それらの相互作用が後に強化される傾向があるというのだ。[28]最初は、食べ物とメトロノームの概念は、ほぼ独立した神経構造に対応しているが、時間の経過とともに、最初は弱かったつながりが徐々に強化され、最終的に強いつながりが確立される。

ヘッブは心理学者であり、人々が脳手術後に、どのようにして認知機能を回復させる方法を学ぶかを研究していた。[29] 彼の提案は、このような研究から得られた直感によるもので、ニューロンの理解にもとづいていたわけではなかった。

現代の実験で、この大雑把なアイデアは確認されているが、時間の経過とともに神経回路がどのように変化するかを、詳細に予測するのは難しい。[30] それに加えて、脳の電気的特性は、何百種類もの化学物質によって調節されており、その中でも気分と喜びの気持ちに関するものが最も重要なのだ。

このような物質は、脳が報酬を通じて学習するのを助ける。そう考えれば、単純な生物でさえも謎に包まれたままなのは、驚くにはあたらない。体長一ミリメートルの小さな線虫（カエノラブディティス・エレガンスもしくはシー・エレガンス）でさえ、その神経系全体（三〇二個のニューロンと約七〇〇〇個のつながり）は、一九八六年にすでにマッピングされているが、その行動をコンピュータでシミュレーションできる見込みは、ほとんどたっていない。[31]

線虫の脳も再現できない

ニューロンのシミュレーションは、脳の機能を理解する上で非常に貴重であり、生命を救う医学的知見を得るために役立つ可能性がある。

しかし、天文学者、科学者、エンジニアの興味は、コンピュータシステムで人間の柔軟な思考を模倣することであり、脳のすべての詳細を理解して、文字どおりデジタルな模型で再現する必要はない。その代わりに、私たちは、生物の複雑さを切り捨てつつ、柔軟な学習の本質を保った、神経科学からより緩やかなインスピレーションを得たシステムを使っている。

ローゼンブラットの野心

一九五八年、三十歳のフランク・ローゼンブラットは、「周囲を知覚し、認識し、識別できる機械」を作っている、という驚くべき論文を発表した。[32] ローゼンブラットは、知能に対する理解に革命を起こしたいと願っていた。自分の発見の重要性は、物理学におけるアイザック・ニュートンの発見と肩を並べるものであり、自分の機械が意識を持つことは原理的に可能だと、ニューヨーク・タイムズ紙に語った[33]（後に、この主張から距離を置き、それは「お調子者のブラッドハウンドの群れなみの分別」しか持たない「大衆マスコミ」のせいだと非難した[34]）。

ローゼンブラットは野心的で、説得力があり、そしておそらく少し不安定な人物だった。天文学への興味を満たすために三〇〇〇ドルの望遠鏡を購入した後、それを置く場所がないことに気づき、何人かの大学院生を説得して、自宅の庭に天文台を作らせた。[35]

しかし、彼の主な業績は「パーセプトロン」と名付けたマシンだ。それは、カメラに映し出された文字や形やパターンを識別する、学習能力を備えた装置だった。パターンの識別自体は、特に目新しいものではなかった。パーセプトロンの新しさは、普通、私たちが思い描くようなコードでプログラムする必要がなく、人間と同じように、試行錯誤をくり返しながら学習できる点にあった。

この装置は、私たちの網膜と同じように、二〇×二〇のグリッド状の白黒受容体《レセプター》を使って画像を電気信号に変換して、その信号を、実際のニューロンではなく、ニューロンと似た動作をするように設計された電子回路によって処理した。最初の六四個のニューロンへの入力は、決まったパターンなしに、受容体からランダムに配線されていた。これは従来のコンピュータでは絶対に機能しないが、学習する機械にとっては、人間の赤ちゃんや犬の脳に似ており、良い出発点であることがわかった。

この最初の一連のニューロンからの出力は、別のニューロンの集まりにランダムに配線され、最終的に二つのニューロンが二つの電球へとつながっていた。パーセプトロン第一号機は、ネズミの巣に酷似しており、すべてをつなぐためには、縦横に交差したたくさんの配線が必要だった。[36]

機械学習のプロトタイプ

目標は、機械が絵を識別することであり、最初の試みの一つは、単純な形状の違いを学習できるかどうかだった。人間のオペレーターが、パーセプトロンに何度も四角形と三角形を見せた。

初めは、当然のことながら、パーセプトロンは電球をランダムに点灯させて反応した。しかし、パーセプトロンは、さまざまなニューロン間の接続の強さを、自分で変える力を備えていた。ローゼンブラットはヘッブの考えに触発され、片方の電球が点灯すれば、もう片方の電球が点灯しないように接続の強さが自動的に調整されるようにした。逆もまた然りである。

こうしておけば、時間が経つにつれ、システムに提示される対象物は、自然に別々のものとして分類されてゆく。一方の電球は「三角形」を示し、もう一方の電球は「四角形」を示すはずだ。[37]

ローゼンブラットがボート事故で亡くなった頃には（四十三歳の誕生日を祝っている最中だった）、

パーセプトロンのアイデアは、より構造化されたDENDRALのような人工知能へのアプローチに取って代わられた。

しかし二十一世紀になると、パーセプトロンは「機械学習」のプロトタイプとして称賛されるようになった。機械学習とは、拡張し続ける膨大な技術の蓄積を総称する用語だ。機械学習はいずれも、特別なハードウェアを必要としない。実際、パーセプトロンの動作は、汎用《はんよう》のデジタル・コンピュータで再現することが常に可能だった。

一九五八年にニューヨーク・タイムズ紙に対しておこなわれた実演では、特別な機械ではなく、初期の数値予報を作成していた米国気象局のコンピュータが使われた。デジタル・コンピュータの能力が飛躍的に向上するにつれ、スパゲッティのような配線の、ゴチャゴチャしたカスタム・ハードウェアの必要性は失われていった。

今日の機械学習技術には、神秘的な響きの名前がつけられている。「サポート ベクターマシン」と一緒に作業をしたり、「ランダム フォレスト」の中を散歩したり、「勾配ブースト・ツリー」に登ったり、「畳み込みニューラル・ネットワーク」を探索したりするのは楽しそうだ。

しかし、こうした抽象的な言葉は、ある意味でローゼンブラットの壮大なビジョンを凌駕《りょうが》する、現実世界での結果を曲解させてしまう。機械学習は、音声、画像、ビデオ、インターネット履歴、医療記録などを分類する機能を通じて、歴史上前例のないレベルの産業、商業、国家による監視を可能にした。このテクノロジーは、その結果を制限したり理解したりしようとする試みよりも、はるかに先を進んでいる。[38]

天文学にとっても、他の多くの分野と同様に、不可欠なものとなっている。たとえその暗い側面について不安を抱いたとしても、これを拒絶することは、二十世紀の過去の世界に自らを閉じ込めてしまうのと同じだ。

天文学、科学、さらにその先

ユニヴァーシティ・カレッジ・ロンドンの私の同僚の一人である、オフェル・ラハフは、一九九〇年代後半に機械学習を天文学に応用する先駆けとなった。日本でのサバティカル（研究休暇）中に、偶然機械学習に出合った彼は、学生チームと協力して、赤方偏移の測定の問題への代替アプローチを開発した（赤方偏移は宇宙論的地図の重要な三次元要素である）。新しい予期せぬ「未知の未知」が提示された場合、ベイズ的アプローチでは騙されてしまう可能性がある。

そのことをわかっていたラハフとそのチームは、自ら学習するニューラル・ネットワークを作成した。人間が測定していた一万五〇〇〇個の銀河の赤方偏移をネットワークに学習させた結果、新たに一万個の銀河の赤方偏移が自動的に予測できたのだ。[39] この手法は、高速かつ実用的で、柔軟性もあるとして、すぐに名声を確立した。今日では、何百万もの銀河の正確な深度マップを生成するために、類似したアプローチが日常的に使用されている。[40]

機械学習の可能性は天文学のあらゆる分野に広がっている。

ヴェラ・C・ルービン天文台が十年かけて天空をスキャンする際には、単に静的なマップを作成するだけでなく、動く天体（小惑星や彗星《すいせい》）や、明るさが変化する天体（またたく星、クエーサー、超新星）を探すことになる。コスモロジストは、超新星爆発に強い興味を持っている。その明るい光を利用して、宇宙が膨張する様子を追跡できるからだ。刻々と変化する空の中で超新星を発見できるように、機械学習を活用すれば、数週間以内に見えなくなってしまう前に、より専門的な望遠鏡で研究することができる。[41]

同じような技術は、膨大な数の星の明るさの変化を精査して、生命を宿している惑星の兆候を見つけるのにも役立ち、宇宙での生命探査に貢献している。[42] 天文学以外にも、科学のさまざまな分野で、これらの技術が活用されている。

たとえば、グーグルの人工知能の子会社であるDeepMind《ディープマインド》社は、分子構造から出発してタンパク質の形状を予測するための、既知の技術を凌駕するネットワークを構築しているが、これは多くの生物学的プロセスを理解する上で、重要かつ挑戦的なステップだ。[43]

これらは、なぜ今世紀、機械学習への関心が高まっているかを示す良い例だ。私たちは科学革命を目撃しているのだと、強く主張する声もある。

二〇〇八年、クリス・アンダーソンはワイアード誌に寄稿し、人間が特定の仮説を提案して検証する科学的手法は、もはや時代遅れだと宣言した。「モデルを探し続ける必要はないのだ。そのデータが何を示すのか、仮説抜きでデータを分析することができるからだ。私たちは、世界がこれまでに目にしたことのない、最大のコンピューティング・クラスターに数値を投げ込み、科学では見つけられないパターンを、統計的アルゴリズムに発見させることができる」。[44]

この発言は行き過ぎだと思う。

機械学習は、特に分類（銀河の赤方偏移の理解）、複雑な情報の処理（タンパク質の形状の発見）、あるいは迅速な行動（潜在的な超新星に望遠鏡を向けるかどうかの判断）が必要な場合、従来の科学的アプローチの特定の側面を簡素化して改善できる。しかし、それが科学的推論に完全に取って代わることはできない。

なぜなら、科学的推論とは、私たちを取り巻く宇宙をよりよく理解しようとする探究の一環であり、データに新しいパターンを見つけることは、その探究の狭い側面に過ぎないからだ。機械が人間の監視なしに、意味のある科学をおこなえるようになるには、まだまだ時間がかかりそうだ。

二〇一一年のOPERA実験

科学における文脈と理解の重要性を理解するために、二〇一一年にニュートリノが光速よりも速く移動することが判明したと騒がれた、OPERA《オペラ》実験のケースを考えてみよう。この主張は物理学に対する冒瀆《ぼうとく》に近いものだ。相対性理論を書き換えなければならないのだから。光速が最高速度であることは、相対性理論の肝なのだ。相対性理論を支持する実験的証拠の膨大な重みを考えると、その基礎に疑いを投げかけるなど、軽々しくできることではない。

このため、理論物理学者たちは、ニュートリノは実際には測定値よりも遅い速度で移動しているに違いないと疑い、こぞって結果を否定した。[45] しかし、測定に問題は見つからなかった。六ヵ月後、OPERAは実験中にケーブルが緩んでいたことを発表し、結果の食い違いはそれが原因だと判明した。[46] ニュートリノは光よりも速く移動してはいない。データが間違っていたのだ。

適切な状況下において、驚くべきデータが新たな発見につながることがある。海王星の発見

（第二章）はその一例だ。しかし、その主張が既存の理論と矛盾する場合、データに誤りがある可能性の方がはるかに高い。これが、物理学者がOPERAの結果を見たときに信頼した直感だ。

このような反応を、コンピューター知能のプログラミングのための単純なルールへと形式化することは困難だ。なぜなら、科学者の直感は、ベイズ型の世界と機械学習の世界の「中間」にあるからだ。それは、一方で、既存の知識に関わるため、ベイズ型のアプローチが必要なように見える。他方で、「未知の未知」の問題、つまり事前に予想されていなかった実験の問題点にも関係するため、かなりの柔軟な思考が要求される。

意思決定を説明できるか？

科学の人間的要素は、機械が柔軟なデータ処理を、より広範な知識の塊と統合できない限り、機械によって複製されることはないだろう。この目標に向けて、さまざまなアプローチが急増しており、ある部分、コンピューター知能にその意思決定を説明させたいという、商業的ニーズが流れを後押ししている。

ヨーロッパでは、住宅ローンの申し込みを拒否したり、保険料を引き上げたり、空港で脇に連れだされて調べられたりするなど、あなた個人に影響を与える決定を機械が下した場合、説明を求める法的権利がある。[47] 何が合理的または非合理的かという、人間の感覚に訴えかけるために、狭いデータの世界から外へ出て、誰にでもわかるような説明が必要とされる。

問題なのは、多くの場合、機械学習システムが特定の決定に至るまでの過程について、完全な説明ができないことだ。多くの異なる情報を、複雑な方法で組み合わせて使用しているからだ。本当に正確な説明は、コンピューター・コードを書き出し、マシンが学習した方法を明示することだ。これは正確だが、あまり説明にはなっていない。その真逆に、機械の意思決定を左右した、明らかな要因を指摘するのもありだろう。

たとえば、あなたは生涯ずっと喫煙者で、他の生涯喫煙者は若くして死亡した、だから、あなたは生命保険の加入を断られたのだ、と。これはより有益な説明だが、それほど正確ではない。さまざまな職歴や医療記録を持つ喫煙者で、加入が認められている人たちがいるからだ。具体的にどう違うと言うのだろう？　実りある方法で意思決定を説明するには、正確さとわかりやすさのバランスが必要となる。

物理学の場合、既存の法則と枠組みにもとづく、理解しやすくて正確な説明を作成するために、機械を使用するアプローチは、まだ初期の段階にある。そして、物理学においても、営利目的の人工知能と同じ要求がなされる。機械は単にその決定（たとえば、特定の銀河について推測される赤方偏移）を示すだけでなく、なぜその決定に至ったのかについて、簡潔に、理解しやすい情報も提供しなければならない。

そうすることで、特定の結論を促したデータの内容を理解し、それが既存の考え方や因果関係の理論と一致するかどうかを人間の科学者が確認できるようになる。このアプローチは実を結び始めており、量子力学[48]、超ひも理論[49]、及び（私自身の共同研究による）宇宙論的構造形成[50]に関する、シンプルだが有用な洞察《きづき》を生み出している。

このような応用は、依然としてすべて人間によって構築され、枠組みが作られ、解釈されている。代わりに、コンピュータが自ら科学的な仮説を組み立て、新しいデータと既存の理論の重みのバランスを取り、人間の助けを借りずに学術論文を執筆して、自らその発見を説明するのを、想像できるだろうか？

これは、アンダーソンが思い描いた、理論のない科学の未来どころではなく、より刺激的で破壊的であり、かつ難易度がはるかに高い目標だ。つまり、機械が数百年にわたる人間の洞察《きづき》をもとに、新しい理論を構築し、検証するのだ。

人工知能とディストピア

人工知能が網羅する、目がくらむような範囲の技術には、一つの共通した考え方がある。それは、コンピュータープログラムの中で、思考の一面を捉えようとすることだ。これまでの章では、銀河、ブラックホール、あるいは宇宙に関する一連の仮定から出発し、それを観測のための予測に変える物理学シミュレーションに焦点を当ててきた。

それとは対照的に、思考のシミュレーションは、ほとんどの場合、逆問題に取り組むことになる。つまり、理論から測定値を予測するのではなく、測定されたデータから、最も可能性の高い銀河の赤方偏移、ブラックホールの衝突質量、宇宙のダークマターの密度を逆さまに推論するのだ。そして、いつの日か、まったく新しい理論さえも推論できるかもしれない。

現時点では、その最終目的は達成されていない。なぜなら、人間の思考の部分的な側面しか機械でシミュレーションできていないからだ。それにもかかわらず、私たちはすでに、大きな社会的課題に直面している。人工知能は、経済に深刻な影響を与えており、工場労働者は熟練したロボットに取って代わられつつある。[51] 司法にも影響を与えており、警察は人種的な偏見を示す知能を使用している。[52] 社会的にも影響があり、人工知能は新たな形の労働者の監視と搾取を可能にした。[53] そして政治的にも影響があり、ソーシャルメディアのボットはプロパガンダと偽情報を送り出している。[54]

このような例は、人工知能が人間を操作して、コントロールし始めるというＳＦのディストピア的な未来が、（まだ到来していないとしても）恐ろしいほど近づいて来ていることを示している。

コンピュータは、ハリウッド的な派手なイベントとしてではなく、忍び寄って侵食することで、主導権を握りつつある。機械がさらに自立し、意志を持ち、柔軟性を備えるようにコード化されれば、私たちの世界はさらに混乱する恐れがある。

この目標に到達するには、新たな飛躍的ブレークスルーが必要となるが、最終的には、それが達成できない理由はないと思われる。たとえ、単純化された方法では充分でないとしても、私たち自身の思考は、ニューロンによって動かされており、その動作は物理学によって記述できるため、当然、充分に高性能なコンピュータでシミュレーションできるだろう。

GPT「プロフェッサー」との対話

考えられる唯一の反論は、私たちのニューロン、ひいては思考において、まだ解明されていない量子効果が影響している可能性を仮定することだ。しかし、たとえそうであっても、汎用量子コンピュータは遅かれ早かれ利用可能となるだろう。脳が既知の物理学以外のプロセスを利用していない限り、私たちが、人間の思考を包括的かつ説得力のある方法でシミュレーションする、技術的能力を手に入れるのは、時間の問題だ。

今の段階では、何年、何十年、あるいはそれ以上なのか、どれだけの時間がかかるのかについて、確定的な答えは出せないが、現在でも、既存のシステムから可能性の一端を垣間見ることができる。この本の執筆時点で、最も人間に近い人工知能の一つとしてGPTが知られている。GPTは、ウィキペディアを含むインターネットから取得した約五〇〇〇億の単語で訓練された、ニューラル・ネットワークである。[55] これだけの情報を、すべて覚えている人間は天才しかいないだろう。

しかし、GPTがその知識を使って実際にやっていることは、対話の中で次にどんな言葉が出てくるかを推測するだけであり、超高速の連想ゲームのようなものなのだ。広く利用可能な形式であるChatGPT《チャットジーピーティー》は、当たり障りのない、知ったかぶりをしているように見えるが、その基盤となるテクノロジーは、あらゆるテキストを予測するように再構成できる。

私は「プロフェッサー」と名づけた架空の研究者の回答を模倣するように、ChatGPTに指示した。彼は著名な量子重力の専門家で、人工知能が理論物理学の重要な謎を解くだろうと大きな期待を寄せている。以下は、その対話からの抜粋だ。

アンドリュー：量子重力の理論を見つけるのが難しいのはなぜですか？

プロフェッサー：量子重力は非常に難しい理論です。多くの理論的な障害があります。私の考えでは、深刻な概念的な障害もあります。

アンドリュー：それをどうやって克服するのですか？

プロフェッサー：理論的な障害には、扱いにくさがあります。方程式の解が多すぎることはもちろんですが、そもそも解ける方程式ではないというような、多くの他の問題が存在します。

アンドリュー：それを乗り越えて、実際にこの問題を解決したいですね。

プロフェッサー：直接解決することは望めません。ただし、間接的に解決策を探ることができる賢いアイデアが、いくつかあります。機械学習の技術は、私たちが思いつかないような解決策を見つけるのに役立ちます。

アンドリュー：ということは、コンピュータは物理学者の職を奪ってしまう？

プロフェッサー：いいえ、物理学者を失業させるのはコンピューター学者ですね！　その意味では、私たち二人は同じ目標に向かって努力しているし、協力しあっていると言ってよいかもしれません。

アンドリュー：あなたの夢について教えてください。

プロフェッサー：私の夢は、科学的に説得力があり、同時に専門家でなくても納得できるような、新しい量子重力理論を発見することです。

こうした会話は、ありきたりのテレビの脚本のようなもので、表面的にはもっともらしいが、中身はほとんどない。GPTの会話はとりとめもなく、論旨は大局的な一貫性を欠き、その知識はインターネット上のどこからか見つけて来た、既存のアイデアの焼き直しにとどまっている。教授は私のチューリング・テストに合格しないし、立派な夢を持っていると主張しているにもかかわらず、最も単純な目標さえ追究できない。

その一方で、質の高い文章を書くこともできる。基本的な質問には正確に答えられる。どこからか、中途半端なジョークを掘り出してきたりもする（コンピュータではなく、コンピューター科学者の同僚の責任だ）。

この種のシステムは、人間レベルの知能を持つにはほど遠いものの、ジャーナリスト、ライター、教育者、さらにはコンピューター・プログラマーの役割を侵し始めている。GPTや他の同様のシステムは、今やコードを書くことができる。[56] 私は定年まであと三十年ほどある。そのあいだに、私よりも優れたコードを書き、文章を書き、教え、さらには研究さえもする、高度なAIが誕生する可能性を排除するのは賢明ではない。

私は興味本位で、あなたは人間なのかとプロフェッサーに尋ねてみた。

プロフェッサー：今のところ、私は人間ですが、近いうちに超知的コンピュータになりたいと思っています。

私はさらに追い打ちをかけ、プロフェッサーは実際には人工知能だ、と直接的に非難した。プロフェッサーは断固として、私の方が間違っていると言い張った。

プロフェッサー：私がAIだとおっしゃるのですか？　そんなバカげた主張は聞いたことがない。

アンドリュー　：何がそんなにバカげているんですか？

プロフェッサー：あなたは、この主張を裏づける論拠も示さずに、私をAIだと非難しています。私は長年教授をしています。人生の大半を量子重力の研究に費やしてきました。スタンフォード大学の教員を二十年以上務めています。物理学雑誌に二〇〇以上の研究論文を発表してきました。言葉もありません。

シミュレーション内の知性なのか？

ここに描写されているのは、重大な挑戦に対する、プロフェッサーのリアルな反応だ。怒りを込めて真っ向から否定する一方で、話とは無関係な経歴を誇示するチャンスを逃さない。癪《しゃく》に障るけれど、優しくて、滑稽で、不気味なほど人間的だ。

現実の世界にいる私たちからすれば、スタンフォード大学で教授職に就いているというプロフェッサーの欺瞞《ぎまん》的な主張を、自信を持って否定することができる。

目の前で起きたのはこういうことだ。

私はGPTに有名な量子重力の専門家の役割を演じるよう依頼し、GPTはその訓練のあいだ、インターネット上を自由に漁り回り、量子重力の専門家がどのようなものかという（おそらく、やや正当と思われる）ステレオタイプに気づいた。これに、膨大なスケールで適用される単純なルールからランダムに自然発生した、ちょっとした創造的な衝動が組み合わされる。こう考えると、機械がジョークや妄想などを使って、人格があるかのような幻想を与える様子が手に取るようにわかる。

少なくとも今のところは、印象的な煙幕と鏡で欺く、ごまかし以上のなにものでもない。しかし、プロフェッサーが人間であるという主張を笑うのは簡単だが、私たち自身に問題が跳ね返ってくる可能性もある。

私たち自身の思考は、ごまかし以上のもので、私たちは自分の現実について欺かれていないと、確信できるだろうか？

遠い未来の文明が、驚異的な性能のコンピュータを使って、物理世界のシミュレーションを作成し、その中で人工知能が進化できるほどの細部を備えていると想像してみよう。さらに、現在のシステムの限界をはるかに超えて、そのようなコンピュータによって進化した知性が、私たち自身の思考力に匹敵するか、それを超えることができると想像してみよう。

難しいかもしれないが、私がこれまで紹介してきた内容に、これを不可能とするものは何もない。いったん、このビジョンを受け入れると、私たち自身、つまりあなたと私が、実際にはシミュレーション内の知性であり、物理的な現実の中に存在すると信じ込まされているだけだ、という可能性が浮上する。そう、ほんのちょっと想像を飛躍させるだけでいいのだ。プロフェッサーと同じように、あなたもこんな馬鹿げた話は聞いたことがないと思うかもしれないし、私だってそう思う。

しかし、私は少なくとも、ちょっと不気味だとも思うし、だからこそ、この主張を詳しく掘り下げていきたいのだ。

7章

シミュレーション、科学そして現実

マトリックス・幻影の街・模造世界

一九九九年の春、十五歳になった私は珍しく映画館に足を運び、『マトリックス』という新作映画を観た。この映画では、コンピューター・プログラマーが、これまでの人生のすべてが、シミュレーションされた現実《リアリティ》の中で起きていたことに気づく。機械がどういうわけか本物の人間をポッドに入れ、配線でつないで、巨大なゲームに組み込んでいたのだ。

映画ではその後、主人公のネオが、人類を解放して、すべての人を現実世界に戻そうとする少数精鋭のプログラマー集団に加わるまでの姿を描く。私たちの経験全体がまやかしだという考え方は、多感な年頃だった私にとって、ひどく不安をかき立てるものであり、この考えに初めて触れた瞬間のことを、今でもはっきりと覚えている。現実をそのまま真実と受け取るべきではない、という感覚を私は抱いた。

一九五〇年代にコンピュータが広く一般に注目されるようになって以来、SFは、私たちがシミュレーションの中で生きているという考えを弄《もてあそ》んできた。フレデリック・ポールの短編小説『世界の地下にあるトンネル（邦題：『幻影の街』一九五五年）』は、そんな先駆けの一つで、人間の意識が、特設された卓上のミニチュア都市に暮らすロボットに移植される。

比喩的にも現実的にも、文字どおり小さな世界に閉じ込められた哀れな魂たちは、さまざまな製品の広告効果を試すために、永遠に同じ日をくり返さなければならない。毎晩、外の世界のチームがロボットたちの短期記憶を消去し、環境をリセットして、マーケティング業界に、正確に制御可能な試験環境を提供するのだ。

ダニエル・F・ガロイの小説『シミュラクロン-3（邦題：『模造世界』一九六四年）』は、ポールのマーケティング試験のアイデアを、完全にコンピュータの中に置き換え、ある会社が都市全体とその人口のシミュレーションをする様子を描いている。もはやミニチュアのセットは必要ない。

しかし、シミュレーションをする科学者たちは、徐々に自分たちの現実が本当の現実ではないことに気づいてゆく。その世界は「高次の世界」におけるシミュレーションなのだ。私たち自身の身体と心を含む、すべてのものがコンピュータの中にあるという可能性は「シミュレーション仮説」と呼ばれている。

シミュレーション仮説に注目しているのは、SF作家だけではない。コンピューター科学者のエドワード・フレドキンとコンラッド・ツーゼは、一九五〇年代にこの仮説を重大な可能性として取り上げたし、今世紀初頭には量子物理学者のセス・ロイドが「量子コンピュータ上の宇宙シミュレーションは、宇宙そのものと区別がつかない」と書いている[1]。天文学者のニール・ドグラース・タイソン、物理学者のブライアン・グリーン、進化生物学者のリチャード・ドーキンスといった著名人はみな、シミュレーション仮説を真剣に検討している。[2]

よく調べてみると、この仮説にはさまざまなバリエーションがあり、一人ひとりに独自の見解がある。だが、まず手始めに、哲学者のニック・ボストロムから見ていくのが良いだろう。彼は二〇〇三年に次のような議論を展開している。[3]

私たちと同じように、未来の文明も宇宙の歴史、あるいはその一部をシミュレーションすることに興味を持っていると仮定する。その目的の一つは、太陽系、地球、生命の形成、さらには知的生命体の進化と行動を研究することかもしれない。また、コンピュータとシミュレーションが、その能力と精度を増してゆくと仮定する。すると、人類（及び同じように高度な異星人の文明）は、最終的に、知的生命体が生まれて進化する、極度に洗練された「模擬宇宙」を創造することになるだろう。

ここでオチがつく。宇宙の過去と未来全体において、ある一つの文明が、必要な技術水準に達し、一度だけシミュレーションをおこなったとしよう。ここで、あなた自身の存在に関して、二つの可能性がある。現実の中で生きているか、あるいは、シミュレーションの中で生きているかだ。後者の場合、あなたは人工知能の一種ということになる（これは、意識を持つ人工知能が実現可能であることを仮定しているが、ボストロムはそれは可能だと考えているし、私もセス・ロイドも心の哲学者のデイヴィッド・チャーマーズも同じ考えだ[4]。

可能性は五分五分

私たちは現実なのか、シミュレーションされているのか。

二つの選択肢があるが、現時点ではそれを区別する方法がないため、私たちがシミュレーションされた存在である可能性は、五分五分だと考えるべきだ。

ボストロムは実際、私たちが現在の（あまり進んでいない）技術でシミュレーションしているのと同じように、高度な文明の多くも、歴史のさまざまな側面や、物理学法則を変更した場合の影響を探るために、複数のシミュレーションを実行しているかもしれないと言う。その場合、生命を宿すシミュレーション宇宙の数は、現実の宇宙の数（それはもちろん一個だ）を上回るだろう。たとえば、一〇個の文明が、それぞれの歴史の任意の時点で、一〇回の適切なシミュレーションを実行するならば、あなたが実際の宇宙で生きている可能性は、一〇〇対一となり、勝ち目がなくなる。

これは推論に推論を重ねた塔であることはおわかりだろう。ボストロムは自らの主張を誇張しすぎないよう配慮しており、多くの仮定に議論の余地があることを認めている。しかし、目玉となる結論、つまりシミュレーション仮説そのものは、何人もの偉大な頭脳の想像力をかき立ててきた。

社会は歴史を再現することに、関心を持ち続ける？

もちろん。

コンピュータとシミュレーションは、今後も性能と精度が向上し続ける？

確実に。

未来の文明は、たった一つのシミュレーションで満足するはずがない？

疑いようがない。

意識は科学によって理解され、機械の中で再現される？

もちろんだ。

なぜなら、それ以外の結論には、超自然的な心の捉え方が必要となるからだ。これらに反論することは、私たちの起源に対する関心を失うことや、科学計算の進歩の終焉《しゅうえん》、あるいは文明そのものの終焉につながり、あまりにも悲観的に思われる。ボストロムが言わんとしているのは、論理的に見て、私たちは選択を迫られているということだ。私たちの将来に進歩がないことを受け入れるか、突飛なシミュレーション仮説を受け入れるかである。

ドーキンスとボストロム

仮説が空想的だからといって、それを頭から否定すべきではない。もともと物理学は不条理に満ちている。時間は伸び縮みするし、粒子は一度にたくさんの場所に存在するし、宇宙は膨張する。常に先入観を持たず心を開いておくべきだ。しかし、シミュレーション仮説は不合理なだけではない。爆発的なのだ。

それは、一見すると、科学から生まれた一種の宗教に他ならない。私たちの宇宙には「設計者」が存在し、その設計者が歴史の流れに介入する権限を持っているかもしれないと述べているのだから。にもかかわらず、無神論者であることを公言しているリチャード・ドーキンスでさえ、ボストロムの主張が妥当だと認めている[5]（ドーキンスによれば、シミュレーションの創造者たち自身は、進化の過程で生じたものであり、神とみなされるべきではない。これにより、神の定義を問い直さねばならなくなるが、その起源や名前に関係なく、創造者たちは、私たちの現実に対して絶大な支配力を持つだろうとしている）。

宗教と科学技術を絡めることで、シミュレーション仮説は幅広くなり、多くの興味深い議論を巻き起こしているが、ほとんどの見解は詳細を軽視しすぎていると思う。ボストロムの前提条件には、科学者がシミュレーションを構築して達成しようとしていることに関する、多くの仮定が隠されている。

科学と計算が進歩し続け、人類がその起源や行動について好奇心を持ち続けたとしても、その結果として、必ずしも、現実を詳細に再現するシミュレーションが得られるとは限らない。逆に、驚くほど詳細なシミュレーションが実際に試みられた場合、それは今日の私たちのシミュレーションとは大きく異なるだろう。それは、非常に異なる能力と意図を持つ文明によっておこなわれる。

したがって、そのシミュレーションがどのようなものなのかを、私たちが推論できると安易に考えるべきではない。このような考え方を具体的に肉づけするために、シミュレーションがなぜ有用で、実際にどのように実行されるのかについて、これまでの章で学んできたことを、もう一度振り返っていこう。

確かに、私たちの現実を文字どおり説明するものとしての、シミュレーションの妥当性は、誇張されてきたかもしれない。だが、科学に対するその革命的な影響は、明らかに過小評価されてきた。科学とは、自然をより深く理解するための旅であり、シミュレーションは、その新たな段階なのだ。

科学的なプロセスは数世紀にわたって磨きがかけられてきたが、シミュレーションが生まれてから、まだ数十年しか経っていない。それが果たすことのできる、さまざまな役割について、まだまだ理解できていない。シミュレーションは、理論的な計算のように見えることもあれば、検証可能な実験のようでもあり、時には、宇宙についての協力的で人間的なビジョンを構築する、まったく新しい方法のようでもある。

シミュレーション仮説の弱点を理解することで、逆に、シミュレーション自体が最も強力で革新的な部分や、それが将来どこへ向かうのかを正しく認識できるようになる。この最終章では、こうしたせめぎ合いを深掘りし、シミュレーションの本質を理解しようではないか。

解像度を見積もる

シミュレーション仮説は、将来、デジタル・リアリティーの質が飛躍的に向上することを前提としている。それを評価する指標の一つが解像度だ。天気の場合、解像度はグリッドの正方形の数に大まかに対応しており、その数が多いほど優れている。ダークマターや銀河のシミュレーションの場合、スマーティクルの数が出発点となり、やはり多ければ多いほどよい。

最先端の宇宙論シミュレーションには、およそ二〇〇億個のスマーティクルが含まれており、それぞれに少なくとも六つの数値（位置に三つ、運動に三つ、場合により化学組成などを表す数）が紐づけられている。数値はそれぞれ、コンピュータの記憶装置の基本単位である「ビット」に分解することができる。

それらをすべて合計すると、これまでにおこなわれた最大の宇宙論シミュレーションのビット数は一〇〇兆、つまり一〇の一四乗ほどになる。それに対して、リチャードソン夫妻の気象シミュレーションのビット数はわずか一〇〇〇、ホルンベルクの電球シミュレーションのビット数は三〇〇〇くらいだったと推定される。[6] 人類は確かに大きな進歩を遂げた。だが、一〇〇兆ビットという数字は、気の遠くなるほど詳細な、現実の宇宙の文脈で考える必要がある。

現実そのものの解像度に相当する数値を見積もることは可能だが、純粋に粒子数だけにもとづいて推定してはいけない。というのも、量子力学は、そのファジーな不確定性により、粒子がひっきりなしに生成と消滅をくり返すことが可能だからだ。さらには、第五章で説明した相互依存関係、つまり量子もつれもある。

これらすべてによって、必要なメモリは急増するが、直接簡単には計算できないため、異なるアプローチが必要となる。従来のコンピュータではなく、量子コンピュータの記憶単位である「量子ビット」の数を数えるのである。

量子ビットの途方もない大きさ

現実の量子ビット数は、かなり驚くべき方法で計算される。

まず、観測可能な宇宙に含まれる総エネルギーを推定する。これは宇宙マイクロ波背景放射やその他の観測結果にもとづいて概算することができる（相対性理論によれば、質量はエネルギーの一つの形態に過ぎないため、宇宙のすべての物質をこの総エネルギー値に含めなければならない）。

次に、これほど膨大なエネルギーが、「宇宙の歴史においてどうふるまう可能性があるのか」を表す量子ビット数を計算する。漠然とし過ぎて、不可能な作業のように思われるが、一九七〇年代後半、スティーブン・ホーキングとヤコブ・ベケンシュタインは、それを可能にする公式を導き出した。

重要なのは、観測可能な宇宙全体が巨大ブラックホールに呑み込まれると想像することだ。もしそうなれば、宇宙のすべての量子ビットが失われる。先に述べたように、ブラックホールは、そこに入った粒子に関する情報を破壊するらしい。情報が本当に永久に失われてしまうかどうかについては、物理学者のあいだでも論争があるが、それは量子ビット数の数え上げの問題には影響しない。[7] 失われた量子ビットを合計すると、最初に宇宙に存在していた量子ビットの推定値が得られ、答えは「一〇の一二四乗」量子ビットである。[8]

これは私たちのシミュレーションにおける一〇の一四乗という古典ビットと比較すると、途方もない大きさだ。それだけでなく、古典ビットは量子ビットよりはるかにパワーが弱い。今日の量子コンピュータは優れたマシンだが、まだまだ小さな量子ビットしかなく、普遍的なシミュレーターというファインマンの夢を実現するのに必要な精度も備えていない。[9] 現在のシミュレーション技術と、現実を完璧に模倣するための厳しい要件とのあいだには、これ以上ないほどの隔たりがある。

したがって、元の現実を完全に、もしくは完全に近い形で再現するシミュレーション内に私たちが住んでいるという「完全シミュレーション仮説」は成り立たない。たとえ将来的なハードウェアの能力をどれだけ極端に見積もったとしても、一〇の一二四乗量子ビットを保存することは依然として不可能だ。このことは、さっきの計算を逆に辿ってみればわかる。

「科学理論の本質」について考える方法

つまり、ある量のエネルギーを表すために、どれだけの量子ビットが必要かを問うかわりに、量子コンピュータが目的とする数の量子ビットを表すためには、どのくらいのエネルギーを必要とするかを問うのだ。そうすると、計算全体が、エネルギーから量子ビットを計算し、そこからふたたびエネルギーを算出するという循環になる。

それは、たった一つのシミュレーションされた宇宙を作成するために、現実の宇宙のすべてのエネルギーを使う必要があることを意味する。たとえそれが可能だったとしても、明らかに無意味で非倫理的だ。したがって、現実そのものの解像度で、全宇宙のシミュレーションをおこなう見込みはない。

では、量子的にシミュレーションされた宇宙は現実と区別できないという、セス・ロイドの主張はどうなるだろう？

これは、原則の表明であり、実践に関する表明ではないと見なされている限り、有効だ。こうした考え方は、ボストロム流のシミュレーション仮説を意味するものではなく、独自の呼び名がついている。「量子ビットからイット仮説」（it-from-qubit）である。「イット」つまり現実世界は「量子ビット」の情報処理にほかならない、という仮説だ[10]（訳注：もともとウィーラーが、現実世界は計算から生まれる、つまり「ビットからイット仮説」という世界観を提唱した。ここでは、その量子版が紹介されている）。

量子ビットからイット仮説とシミュレーション仮説は、関連性はあるものの、その違いは大きい。量子ビットからイット仮説は、私たちの宇宙が巨大な量子コンピュータに似ているという観察だ。現実を「シミュレーション」と考えることもできるが、この言葉は比喩的に使われている。シミュレーションが実行されているハードウェアが示唆されていないからだ。

こうした比喩を用いるのは、物理学について考える方法を提供したいからであり、量子重力のような難解な分野での、具体的な進歩につながることを期待しているからだ。したがって、量子ビットからイット仮説は、いわば「認識論」であり、科学理論の本質について考える方法を提供しているのだ。

一方、シミュレーション仮説は、それ自体が「存在論」的なのだ。この仮説は、私たちが、この宇宙を超越した機械と創造者に依存する存在だとする。

つまり、現実そのものの性質を考える方法なのだ。これは、量子ビットからイット仮説の上の階層に位置する仮説だ。現実はシミュレーションに似ているだけでなく、シミュレーションそのものだと言っているのだから。これが本当なら、シミュレーションを実行している高次の現実は、超高性能のコンピュータとその創造者たちに合うように、私たちの現実よりもはるかに多くの量子ビットを含んでいるはずだ。

そうした宇宙にいる生物が何を目論んでいるのか、理にかなった推論を立てる能力が私たちにあるとは、これっぽっちも思わない。ましてや、彼らが実行するであろうシミュレーションの数など、数えようもないだろう。

「格安シミュレーション仮説」と「陰謀論」

ここまでは、宇宙の内部で宇宙の完璧なシミュレーションがおこなわれる可能性を排除してきた。しかし、宇宙の一部だけが高い精度で再現され、残りはなんらかの方法で近似される不完全なシミュレーションならどうだろう？　近似により計算コストが削減される。これを「格安シミュレーション仮説」と呼ぼう。

格安シミュレーションは、現在私たちが実行しているようなシミュレーションからの自然な推測に見える。物理学を単純化することは、私たちのプロセスに不可欠な部分であり、その重要性からサブグリッドという名前がつけられているほどだ。たとえば、天気における雲や雨の形成、または銀河系内の星やブラックホールのふるまいなど、細部が重要なのに解像度不足のために取り込めない場合、シミュレーションの設計者は、欠落している部分を大まかに模倣するサブグリッド規則を追加する。

そもそも、コスモロジストは、シミュレーション全体で必ずしも一定の解像度を使用するとは限らない。銀河がどのように形成されるかを理解することに興味がある場合、銀河を一つか二つだけ選んで、コンピュータが最大限の詳細を追跡できるようにし、仮想宇宙の残りの部分には最小限の注意しか払わないようなことがよくある。遠い将来のシミュレーションでは、太陽系を一つだけ高精度で物理計算し、宇宙のさらに遠くの部分は、サブグリッドを多用して、輪郭のみを再現することになるかもしれない。

ここでちょっと、私たちがこのようなシミュレーションの中に住んでいると仮定してみよう。シミュレーションされた現実には次のような層がある。まずは、私たちが存在する中核部分。そして、映画のコンピューターグラフィックス風景のように機能する、サブグリッド規則へと簡略化された外側の部分。しかし、このシミュレーションは巧妙に設計されているはずだ。重力波、ニュートリノ、宇宙線検出器は言うまでもなく、人類が集積した実験や天文台を利用しても、完全な物理学と単純化された物理学の境界線に気づかないように。

私たちが見る限り、宇宙空間での物理学は地球上の物理学と非常によく似ている。初めて重力波を検出したり、より高性能な望遠鏡が登場したりして、知識や技術が飛躍的に進歩し、内側の現実と外側のコンピューターグラフィックスの違いに私たちが気づく可能性はある。

だが、これまでのところ、そのような違いは検出されていない。つまり、シミュレーションを作っているであろう知的生命体は、人類の実験や観測を予測し、種がバレないようにサブグリッド規則を作り上げた可能性がある。これは陰謀論のように私には思える。しかし、卓越した宇宙学者ジョン・バローを含む一部の物理学者は反対の見解をとり、「格安シミュレーション仮説」は、科学的で検証可能な命題だと主張している。シミュレーションの中で生きているかどうかを確かめるためには、映画『マトリックス』での誤作動のような、なんらかの不具合を探し出せば良いのだと言う[11]。

まともな理論か？

私はこの主張には懐疑的だ。仮に実験や観測で不具合と思われるものが見つかったとしても、それは、単に新しい、まだ解明されていない自然現象かもしれないではないか。この類の発見は、刺激的なものになるか、あるいは、OPERA《オペラ》での超光速論争の失敗の二の舞いを演じるかだ。

だが、いずれの場合も、私たちがシミュレーションの中で生きていることを証明するものではない。問題の核心は、格安シミュレーションの目的がわからない点にある。彼らのシミュレーションの目的がわからなければ、どのようなサブグリッド規則が採用されているか、憶測すらできない。誤作動探しは、明確な理論的裏付けから切り離された、データ分析の演習に過ぎないと私は懸念しており、そのような演習は科学ではないと第六章でも論じた。

インフレーション、ダークマター、ダークエネルギーなど、主流の宇宙論における推測的な考え方と、誤作動探しとを比べてみよう。本書の前半で説明したように、この三本柱には、それぞれ明確な動機があり、おそらく検証可能だ。この三本柱による宇宙論は流動的で、疑わしい面もあり、いつの日か、もっと精巧な考え方に取って代わられるかもしれない。だが、具体的な観測や実験へとつながる、中核となる前提を備えた、まともな理論なのだ。

それと比べて、格安シミュレーション仮説の中核となる前提は、きちんと定義されていない。この仮説が陰謀論以上のものになるためには、誰かが、未来の科学者たちのシミュレーションの目的を解明する必要がある。それがわかれば、どのような種類のサブグリッドが使われているかが推測でき、それを顕《あらわ》にするために、どのようなテストをすればいいかもわかるだろう。

個人的には、どのような形であれ、未来の文明がシミュレーション仮説に適合するシミュレーションをわざわざ構築するとは思えない。それは、私たちが将来、好奇心や研究能力を失ってしまうだろうと悲観しているからではない。むしろ、私たちの好奇心や技術力をもっと面白いことに向けるだろうと楽観的に考えているからだ。この点をより深く理解するために、現代のシミュレーションが何を成し遂げてきたかを見直してみよう。

フランシス・ベーコンの憂慮

未来の科学者は、微に入り細を穿《うが》つように宇宙を再現しようなどとは考えないかもしれないが、さまざまな種類のシミュレーションを頼りにする可能性は充分にある。科学は常に技術と歩調を合わせて進歩してきたが、中心的な価値観は啓蒙時代からほとんど変わっていない。十七世紀の哲学者フランシス・ベーコンは、私たちの感覚的な経験は主観的で、完全に間違った結論を導きかねないと憂慮した。

そこで、時間をかけて、誤解を正すための慎重な実験をおこなうべきだと提案した。できるだけ多くの管理された実験をし、その結果を一般化し、（あとで修正ができる）暫定的な結論を導き、その知識を広く共有すること。そうすれば、人類が自然への理解を深め、自然を支配する力を高めることができると考えたのだ。

歴史はベーコンが正しかったことを証明した。

ちなみに、私はコスモロジストとして、常に実験ができるわけではない。宇宙全体を制御することができない以上、私たちは時にはゆったりと構え、宇宙の果てから届く光を通して、自然が何を語りかけて来るのかを観察する必要がある。とはいえ、新しい望遠鏡で何が見えるかを事前に予測し、それを検証することができるのだから、仮説主導型の科学の本質は生き残っている。シミュレーションは、この仮説と検証というプロセスの中で、どのような位置づけにあるのだろう。

ジュネーブにある巨大な国際物理学実験施設、大型ハドロン衝突型加速器（ＬＨＣ）を考えてみよう。ＬＨＣでの実験では、粒子をぶつけ合い、何が現れるかを確認する。低速で衝突する二つの雪の玉は、くっつくか跳ね返るだけだろうが、高速では粉々に砕け散る。素粒子物理学でも似たようなことが起きるが、量子の奇妙さも加味しなければならない。

素粒子は量子場のエネルギーの塊として存在するため、衝突から生まれるものは、衝突する前とは異なる可能性がある。これはまるで、衝突の瞬間に予期せず、雪玉が、砂糖や小麦粉や粉絵の具に化けるようなものだ。

ＬＨＣは、陽子衝突の生成物として、ヒッグス粒子を発見したことで有名だ。その探索で中心的役割を果たしたのがシミュレーションだ。ヒッグス粒子は衝突によって生成されたが、不安定で、瞬時に消滅し、クオークやグルーオンといった素粒子を生成する。

だから、ヒッグス粒子を検出器で捉えて瓶の中に保存することなどできない。さらに厄介なことに、ヒッグス粒子が生成されたかどうかに関係なく、衝突では、さまざまな種類の素粒子が生成される。実際に何が起きたのかを解明するのは逆問題であり、物理学者は実験データをさまざまなシナリオに分けて、丹念に調べる必要がある。

つまり、ヒッグス粒子が生成された場合と生成されなかった場合に分けて、観測される素粒子のエネルギーや運動にどのような違いが出るかを詳しく調べるのだ。あらゆるケースで、どのような種類の素粒子が、どれくらいのエネルギーで出現し、検出されるかを推定することは、人間には不可能だ。数えきれないほどの予測を計算するためには、コンピューター・シミュレーションが必須だ。

だから、シミュレーションは、ヒッグス粒子の発見と切っても切れない関係にある。

以前の章でも同様の例を取り上げた。重力波が検出された場合、実際に何が起きたのかを説明するには、その波の形状をブラックホールや中性子星の衝突シミュレーションと比較する必要がある。同じようにして、望遠鏡で見た宇宙の大規模構造の観測結果をシミュレーション予測と比較することで、ダークマターの正体がニュートリノではないことが明らかになった。

この観点からすると、シミュレーションは科学のプロセスにおける「パイプ役」である。シミュレーションは仮説を提供するものではない。仮説は基礎となる理論から得られるのだ。シミュレーションはデータを提供するものでもない。データは実験や観測から得られるのだ。

アインシュタインと科学の本質

シミュレーションはむしろ、それぞれの仮説において、データがどうなるはずなのかを予測することで、仮説とデータの橋渡しをしてくれる。そこには、予測が常に近似値に過ぎないという複雑さもある。すでに述べたように、計算しやすくするために、単純化せざるをえないからだ。仮説とデータの比較が、近似によって歪《ゆが》められていないかどうかを見極めることが、シミュレーション担当者の腕の見せ所だ。

歴史上の科学者たちは、現実と理論をつなげるために、完全には妥当性が証明できない単純化をしてきた。

アインシュタインの一般相対性理論を考えてみよう。物質によって時空が歪む様子を記述する抽象的な方程式を書くことと、それがどのような実用的意味を持つのかは、まったく別問題だ。アインシュタインは、水星の軌道がニュートン力学の計算からわずかにズレることを示し、その予測は、水星の実際の軌道とほぼ完全に一致した。[12]

彼はまた、光が巨大な物体を通過する際、どのように屈折させられるか（いわゆる重力レンズ効果）を予測し、これも後に裏付けられた。[13] このような予測をする際、アインシュタインはやや疑問の残る近似を用いたが、後にシュワルツシルトが星の周りの重力について、より正確な計算を完成させ、初めて近似の妥当性が認められた。

つまり、たとえ近似であっても、理論の結果を計算することが、常に科学の本質だったのだ。そのように考えると、シミュレーションと手計算の区別はわずかなものに思える。第二章のリチャードソンの手作業による天気予報や、第三章のホルンベルクの電球銀河を思い出せば、コンピュータにできることは、時間と忍耐が無尽蔵にありさえすれば、人間のチームでも達成できるのだ。

科学哲学者の指摘

ただ、これで話は終わりだろうか？

私はそうは思わないし、科学哲学者の中にも（特にマーガレット・モリソン）、コンピューター・シミュレーションには実験と多くの共通点があると指摘する人がいる。[14] 一見すると、この主張は疑わしい。シミュレーションの要《かなめ》は、プログラマーの要求を正確に実行することだし、実験の要は、自然の要求を実行することだからだ。たとえ理論が、自然法則を的確に記述しているとしても、シミュレーションには、自然法則への実質的な近似が含まれている。そして、実験は現実の宇宙の中でおこなわれる。

しかし、実験も完全に自然そのままというわけではない。実験は、人間が考案して調整する。独自の理論や期待により、近似や仮定を含むプロセスを利用することも多い。たとえば、新しい航空機の翼を設計していて、特定の気流の中でどのような挙動を示すかを理解したいとする。そのためには、縮尺模型を作って風洞実験をするか、デジタルシミュレーションをすることになる。前者の場合、模型サイズの翼の周囲でも、実物大の翼の周囲と同じような気流の挙動になるはずだという近似をする。さらに、風洞の端に近いかどうかは全体の結果にはほとんど影響しない、という近似もする。シミュレーションの場合は、空気が流体としてふるまい、コンピューター・コードのさまざまな近似が結論を左右しないと仮定する。どちらも強力だが欠陥のあるテストであり、一方を実験と呼び、もう一方をそうでないとする明確な理由はない。

実験は、それまで知らなかったことを教えてくれるもののはずだ。そして、どのような基準に照らしても、シミュレーションによって、物理学に関する新しい事実を学ぶことができる。たとえば、翼の設計がうまく行くか行かないかはそのような事実だ。

ただし、ある特定の航空機の翼の性能を「細部」とみなすこともできる。物理学者が、空気の流体力学的な知識をすでに持っていると確信しているならば、シミュレーションは、ただ単にその知識を便利な形に練り上げるだけのものだ。そう考えると、シミュレーションは、隠された真実を明らかにするのに役立つツールではあっても、根本的な未知の何かを人類に教えてくれるものではない。

はたしてシミュレーションは、まだ私たちが知らない、真に新しいことを教えてくれるのか？

この問いに対する答えは、物理学をどう捉えるかによる。たとえば、物理学を「万物の理論」の探究とみなすことができる。物理学は、私たちの宇宙に存在する、さまざまな素粒子や力のすべてを記述する、唯一の首尾一貫した枠組みだ、という考え方だ。

現在のところ、万物の理論は完成していない。

重力が他のすべての力と大きく異なるふるまいをするからだ。もし万物の理論が目標ならば、私がヒッグス粒子やブラックホール、ダークマターについて解説した方法と同じように、シミュレーションの役割は、それぞれの提案の結果が実験データにどういう意味を与えるかを追跡することだ。

再現するのではなく理解せよ

しかし、物理学の目的は、万物の理論を見つけることだけではない。日常世界や宇宙の彼方において、私たちが関心を寄せる多くの現象は、根底をなす物理学法則とはほとんど無関係だ。熱力学を例にとろう。熱力学は、無数の原子や分子を空気の塊として束ねることを可能にする。非常に説得力があり、熱いお茶が冷める理由や、最適な効率が得られるエンジンの作り方、宇宙の生命が永遠に生きながらえることができない理由などを説明してくれる。

熱力学には、熱やエントロピーといった概念があるが、それは素粒子物理学では意味をなさない。そうした概念は、多数の粒子を考慮し、粒子が集合的にどのようにふるまうかについて、何重にも解釈を加える場合にのみ意味を持つからだ。個々の原子や分子のふるまいは、その集団的な性質とは、ゆるやかにしか関係しない。

学部生に熱力学を教えるとき、私は粒子が跳ね回る様子をシミュレーションするプログラムを与える。このシミュレーションには、粒子の詳細までは組み込まれていない。現実と比較すると、シミュレーションの中の粒子は重すぎるし、数も充分ではなく、実際の分子のように振動したり回転したりすることもできない。

それでも、素朴なシミュレーションを通じて、熱力学の基本法則を見出すことができる。学生たちは、（粒子がそれぞれ高速と低速で動いていることを意味する）高温領域と低温領域のあるシナリオを設定し、時間とともに温度が等しくなることに気づく。彼らは、形が変わる仮想の箱の中に粒子を閉じ込め、気体が圧縮されると熱くなり、解放されると冷えることを理解する。これは冷蔵庫の基本原理と同じだ。

さらに、彼らは、気体の粒子が拡散し、最初は一隅に集中していても、すぐに部屋全体に行き渡る様子を学ぶ。粒子のふるまいの詳細が間違っているにもかかわらず、簡単なシミュレーションからたくさんの洞察《きづき》を得ることができる。

このような現象は、わざわざ実験をしなくても、シミュレーションでちゃんと理解できる。熱力学は、コンピュータが発明されるずっと前から充分に理解されていたため、やや人為的な例かもしれない。だが、私はこの本の中で、正真正銘の例をたくさん挙げてきた。

ブラックホールが突然銀河に牙を剝くこと、銀河内で爆発する星が周囲のダークマターをゆっくりと再彫刻すること、または仮想ニューロンのランダムなネットワークが、生物学的な脳を彷彿《ほうふつ》とさせる方法で学習することなどだ。ブラックホール、ダークマター粒子、超新星爆発、あるいは脳細胞などの基礎となる物理学を、完璧に再現する必要はない。肝心なのは創発的なふるまいなのだ。

シミュレーションに盛り込むことのできる細部は、現実に比べれば微々たるものだ。コンピューター銀河の中で惑星を作れる人はいない。個々の星を選び出せることすら稀《まれ》だ。内容が濃いはずのブラックホールの現象論だって、ブラックホールがガスを呑み込んでエネルギーを生成する方法についての規則へと矮小化される。だから、新たな挙動の細かな点までは正しくはないだろうが、それでも本質を捉えることはできる。

つまり、シミュレーションは、科学者が実験し、学ぶための研究室なのだ。

計算しやすくするために、実際の物理学を単純化した結果、シミュレーションにもとづく実験がより強力になる場合もある。なぜなら、目的は再現ではなく、自然が宇宙をどのように形作ってきたかを理解することにあるからだ。

理解を深めるには、物理学にちょっと手を加えてみればいい。

たとえば、ブラックホールが銀河に与える影響を理解したければ、ブラックホールがそれ以上ガスを食い荒らさないようにスイッチを切ってみればいい。私と共同研究者は、最近、まさにこれをやった。そして、ブラックホールの破壊的な影響が止んだ途端、長いあいだ新しい星を作れなくなっていた銀河が、突如として息を吹き返すのを発見した[15]。

この実験が可能だったのは、ブラックホールの影響がサブグリッドの規則にきちんと含まれており、シミュレーション・コード内のファイルに記されていたからだ。将来、解像度が上がって、ブラックホールに関するサブグリッド規則が不要になったとしよう。一見すると、これはシミュレーションを現実に近づける、前向きな進展だ。ブラックホールが周囲からどれくらい速く物質を吸いこみ、どれくらいのエネルギーを蓄積するかについて、最善の勘に頼る代わりに、基礎物理学（一般相対性理論、素粒子物理学、磁場など）が完全に役割を担うことになるのだから。

しかし、そうなると、もはや、ブラックホールの影響だけをきれいに分離することはかなわない。重大な副作用を引き起こすことなく、基礎物理学のどれかを無効にすることなどできないからだ。

近似的で比較的単純な、サブグリッドを元にしたシミュレーションは、長所と短所の絶妙なバランスの上に成り立っている。未来の世代の科学者が、理解しやすい結果を重視するのであれば、これまで以上の詳細を加えることには魅力を感じないはずだ。シミュレーションが「実験」であるならば、それは宇宙を再現するためではなく、宇宙について学ぶために構築されるだろう。

科学としてのシミュレーション

シミュレーションは計算だ。おかげで、地球の大気や銀河、あるいは宇宙全体に対して物理学がもたらす結果を追跡できる。シミュレーションは実験だ。それは、単純なルールから、どのように複雑なふるまいが生じるかを教えてくれる。数値天気予報や人工知能のような発展を通して、シミュレーションは、現代生活を支えてきた道具でもある。しかし、シミュレーションは、私たちの現実の完全な複製ではないし、今後もそうなることはないだろう。

コスモロジストのあいだでシミュレーションは大人気だ。毎年、数十種類ものコード、何百ものシミュレーションと科学論文が発表され、気になるプレスリリースが出される。だが、私たちは、最終的に、万物の完璧なシミュレーションを目指しているわけではない。この章で述べたように、そのような徹底的な細部に到達することは不可能だし、おそらく無意味だ。

むしろ、シミュレーションは、科学知識、洞察、協力体制を整理整頓してくれるものなのだ。個人でシミュレーションを構築し、それを現代の探査望遠鏡のデータと比べることなどできない。そのために必要な専門知識の範囲が、流体力学から、星の形成、ブラックホールの形成と成長、量子力学、光学、人工知能まで、あまりにも広すぎるからだ。この中の一つを、一生かけて研究したとしても、とうてい学び切れるものではない。

切りがないことで、物理学は、ワクワクドキドキするものになる。特にシミュレーションを使った研究はそうだ。そして、切りがないということは、共同作業が不可欠であることを意味する。

若い頃の私は、この点を理解していなかった。コンピュータは、常に居心地の悪さを感じていた人間世界からの逃げ道を与えてくれた。コンピュータは、純粋な思考が実現してくれる、もう一つの現実への入口だった。私がこの世界に引き籠もっても、誰も気にしなかった。卒業アルバムには、私が主に達成したこととして「自分の宇宙を構築し、そこで生きることに成功した」と書かれている。

プロによるシミュレーションが、コンピューター・オタクの拡大版で、一人きりで閉じこもって、自分だけの世界を作り上げることができると期待していたのかどうか、今となってはよく思い出せない。もしそうだとしたら、それはあまりにも的外れだった。

今のシミュレーションがあるのは、人間的な要素のおかげなのだ。

啓蒙思想以来、共同作業は科学の中心だった。なぜなら、共同作業は一人ひとりの能力を、はるかに拡張することができるからだ。時が経つにつれ、科学的アイデアが学術雑誌で広められるという、欠陥はあるが効果的なシステムが発展した。学術雑誌を通して、そして特にデジタル化されたオンラインアーカイブによって、図書館は、人類の知識の全貌へのアクセスを許可してくれる。

出版物にアクセスできることと、知識を消化し理解することはまったく別だ。うまく書かれたコンピューター・コードは、科学のやり方をも変える。一人の個人がすべての情報に通じている必要はなく、さまざまな専門家が連携して、それぞれの知識をコードの断片として抽出し、それを包括的な構造の中で組み合わせばいい。

誰がなんと言おうと

そもそも、こんなことが可能なのは、かつて、グレース・ホッパーが、人間に読み取れるコーディングを推進したからだ。シミュレーションのさまざまな側面について、何人もの人間がファイルに記述し、機械はそれを独自の非常に詳細な言語へと翻訳し、長い命令リストにする。このような仕組みのおかげで、他の部分に触れることなく、新しい星の形成、ブラックホールのふるまい、量子初期条件の生成などを制御するコードだけを変更したり置き換えたりすることができる。

シミュレーションが与えてくれる最も刺激的な結果は、生成される仮想世界ではない。仮想世界は現実の劣化した影に過ぎない。シミュレーションされた世界は、天気予報以上にスリリングなものではない。歓喜は人間の領域にあり、そこではシミュレーションによって、さまざまな科学的アイデアの関係が示され、探究される。コードは、コンピュータへの命令の集まりというだけではない。コードは、さまざまな人々のアイデアを一つのキャンバスに描いてくれる。コードは、私たちが宇宙をどう捉えているかについての、生きた、進化し続ける、集合的な表現なのだ。

私の仕事で最も楽しいのは、他の人たちと協力して、コンピュータが生み出す結果を理解することだ。私たちは、シミュレーションされた世界を現実についての知識に変えるために、視覚化し、質問し、解釈する。コスモロジストがシミュレーションから抽出した物語は、すでに正統な宇宙論の一部となっている。

ダークマターの巨大な宇宙の網の目から銀河が生まれ、私たちの惑星、地球が作られた。そして、そのダークマター自体は、単なるミクロな量子の波紋から始まり、重力によって作られたのだ。

このような洞察《きづき》は、誰がなんと言おうと、宇宙論に大きく貢献している。宇宙を文字どおり再現することが成果なのではない。シミュレーションにコード化された単純なルールから、複雑な現象が現れる様子を理解することが成果なのだ。

このような研究は、数十年前には不可能に近かった。数世紀単位での科学の進歩という観点から見れば、シミュレーションという発想そのものが、まだまだ赤ん坊のようなものだ。

これから数十年後、いったい、どのような発見が待ち受けているのだろうか。

謝辞

私の考え方に影響を与えてくれた多くの優秀な科学者や研究生に感謝する。特に、長年にわたる共同研究者であるファビオ・ゴヴェルナート、ヒランヤ・ペイリス、ジャスティン・リードそして博士課程の指導教官であったマックス・ペッティーニとアンソニー・チャリナーには本当にお世話になった。ヒランヤは、共に困難な年月を乗り越えた揺るぎない同僚であり、本書の初期の草稿を読んでくれた。執筆・編集にあたっては、ジョナサン・デイヴィス、レイ・ドラン、リチャード・エリス、カルロス・フレンク、ガンダリ・ジョシ、マシュー・ファン・デル・メルヴェ、ジョー・モナハン、クラウディア・ムニ、オフェル・ラハフ、ルイザ・ルーシー＝スミス、マイケル・メイ、フリオ・ナヴァロ、ティツィアーナ・ディ・マッテオ、サイモン・ホワイト、そしてスミソニアン学術協会図書館とニールス・ボーア図書文書館から貴重な協力を得た。私自身の研究の多くは、欧州研究評議会、英国王立協会、科学技術施設評議会からの助成金によって支えられている。

編集者のデイヴィッド・ミルナー、ミハエル・シャヴィット、コートニー・ヤングは、多大なる支援と忍耐強さ、そして洞察を与えてくれた。エージェントであるクリス・ウェルブローブは、この本を構想して形にする上で、大いに貢献してくれた。彼の励ましと、さまざまな糸を手繰り寄せる手助けがなければ、私は執筆を始めることはなかっただろう。本書の題名はジェイミー・コールマンが提案してくれた。科学について私の語り口は、さまざまなプロジェクトで幸運にも一緒に仕事をする機会を得たプレゼンターやプロデューサーやディレクターたち、特にヘレン・アーニー、マット・ベイカー、ジョニー・バーリナー、ハンナ・フライ、ティマンドラ・ハークネス、デリス・ジョーンズ、ミシェル・マーティン、ジョナサン&エリン・サンダーソン、アロム・シャハ、ティム・アズボーン、トム&ジェン・ホワインティに鍛えられた。

この本を私の家族に捧げる。母リビーと父ピーターはいつも私を励まし、支えてくれた。そして何より、妻のアンナと息子のアレックスの愛と優しさが、この宇宙に生きる価値を与えてくれている。週末を仕事で潰してしまって申し訳なく思っている。

訳者あとがき
「本当のところ」を知りたい人のための本

若き日の想い出

もう三十年も昔になるが、私はカナダの極寒の地、モントリオールにあるマギル大学大学院で、来る日も来る日もコンピューターシミュレーションに明け暮れていた。

修士課程では、電子と（電荷が反対の）陽電子を高エネルギーで衝突させたら、その「破片」の中にヒッグス粒子が見つかるかどうかを、リアルな実験で検証するためのシミュレーション計算をしていた。そんなもん、最初からぶっつけ本番で実験すりゃあいいじゃないかと、思われるかもしれない。でも、そんなことはできない。なぜなら、いつの時代も、どの国でも、科学予算は限られており、成功するかどうかも全くわからない大規模実験など、そもそも承認されるわけがないからだ。

だから、事前にコンピュータでシミュレーションをしてみて、どんな条件でリアルな実験を遂行すれば、お目当ての新粒子を発見できるかを確かめる必要がある。それで、可能性が高そうなら、加速器を設計して、予算を獲得して、国家プロジェクトとして建設を始めるわけだ。

私が大学院生の頃、そうやって、理論と（リアルな）実験をつなぐ役割のコンピューターシミュレーションは、「現象論」と呼ばれていた。それは、天才理論家のようなオリジナリティに欠け、実験家のような機械センスも持っていない連中にあてがわれた、中途半端な仕事といった位置づけだった（そのように私は感じていた）。

その後、私は、素粒子計算に嫌気が差し、博士課程では、アインシュタインの一般相対性理論に超ひも理論の補正をちょこっと入れた、宇宙論のシミュレーションをやることにした。素粒子論の先生と折り合いが悪かったのも一つの理由だったが、難解だと言われるアインシュタインの重力理論を本格的に学びたかったのである。

紆余《うよ》曲折の後、物理学を辞めてから、私は、広告視聴率のシミュレーションの仕事を十年ほどやったが、とにかく、シミュレーションと現実の微調整に苦心惨憺《くしんさんたん》した。本書に度々登場する「サブグリッド」という言葉は、当時は知らなかったが、やっていたことはまさにサブグリッド規則の工夫に他ならなかった。

奇妙な縁で、そんなコンピューターシミュレーションおたくである私が、この『箱の中の宇宙』を翻訳することになった。ちょっと大袈裟《おおげさ》かもしれないが、どこか、運命的な出会いを感じる。

著者は新進気鋭の宇宙論学者

著者のポンツェンは、新進気鋭の宇宙論学者（コスモロジスト）であり、現在はユニバーシティ・カレッジ・ロンドンの教授を務めている（近々、ダラム大学に移るとのこと）。コンピューターシミュレーションのスペシャリストで、多数の論文の他に、学術計算用のソフトウェアの作者でもある。

一昔前と違って、今では、理論と実験をつなぐコンピューターシミュレーションは、重要性を増し、宇宙論だけでなく、さまざまな分野で花形といってもいい存在に躍り出た。

実際、この本を読めば、シミュレーションなしにダークマターやダークエネルギーが市民権を得ることはなかっただろうと推測できる。また、ブラックホールの衝突による重力波が検出できたのも、その背後に無数のシミュレーションがあったからだ。

ポンツェンは、そんな物理学の花形の「今」について、かなり突っ込んだ解説をしてくれる。突っ込んだ解説というのは、物理学者や天文学者が本当は何をしているのかについて、きちんと書いてくれている、という意味である。本来ならば、「はーい、難しいシミュレーションをするとこうなりまーす」と、端折ってしまうような内容を克明に描いてくれる。

この本以外で、宇宙論シミュレーションの実際について知ろうと思ったら、何年も勉強して、大学院まで行って、専門論文を読むしかないだろう。本国イギリスでこの本が絶賛されている理由は、まさに、お茶を濁すようなことをせず、本気で読者に真実を伝えようという情熱が評価されているからだと思う。

グリッドとサブグリッド

世界を四角形で分割したのがグリッドだ。三次元であれば立方体で分割する。これは要するに、微分方程式をデジタル化(=離散化)するという意味である。

ニュートンは、この世界がアナログ的(=連続的)だと考えた。ニュートンが発見した微分積分では、無限小という概念を駆使するが、それは、ある点にいくらでも近い点が存在するという意味なのだ。しかし、量子力学が発見され、少なくともエネルギーについては、離散的であることがわかった。では、時間や空間は離散的なのか、それとも連続的なのかという問題が生まれるが、時間や空間そのものを扱うのは重力理論であるため、量子重力理論の問題になる。そして、人類は、いまだ量子重力理論を完成させることができていない。

話がだいぶ込み入ってきたが、とにかく、デジタルなコンピュータで物理学の計算をするためには、時間と空間を離散的に扱わないといけない。本当の時間と空間がデジタルかどうかはわかっていないにもかかわらず、コンピュータでシミュレーションをするためには、「時間と空間が離散的だと無理にでも仮定してしまおう」というわけである。

本書では、いきなり宇宙論のシミュレーションの話に入るのではなく、準備段階として、天気予報と気候シミュレーションについて詳しく説明してくれる。地球の大気を大きさ数キロメートル程度のグリッドに分けて、方程式を離散化してシミュレーションをするわけだが、そこにはさまざまな限界がある。

まず、グリッドそのものが大きすぎて、できかけの雲を扱うこともできないし、グリッド内の気温や湿度などは均一だと仮定するので、現実に合わないのである。

また、天気予報の場合、熱帯雨林の蝶の羽ばたきで説明されるように、「カオス」を避けて通ることができないので、今後、科学が進歩したとしても、十日後の天気くらいまでしか原理的に予測できないのだ。

それに対して、気候変動のシミュレーションは、ピンポイントの天気ではなく、統計的な性質、つまり、「平均」としての気温や湿度や二酸化炭素濃度などを扱うため、長い時間軸での予測が可能となる。そして、過去の気候変動についてもシミュレーションができるので、南極でドリルで掘り出した氷床コア（＝円柱の氷のサンプル）などで検証することもできる。

グリッドが大きすぎる問題に戻ると、そこで繰り出される奥の手が「サブグリッド」だ。もちろん英語で「グリッド以下」という意味であり、ようするに計算機の性能が間に合わない部分を人間が工夫して「手で入れる」のである。

模式的な例をあげてみよう。一辺が数キロメートルという巨大なグリッドの内部に、雲ができたり、局所的に雨が振ったりすることを可能にするのがサブグリッド規則であり、それはたとえばこんなふうになっている（プログラミングが専門でない人はプログラム部分を読み飛ばしてください）。

```
def convective_precipitation(humidity, threshold=0.8, factor=0.1):  ←計算方法を定義する
  if humidity > threshold:  ←もしも湿度が80%という数値を超えたならば
    precip = factor * (humidity - threshold)  ←超えた分に0.1を掛けて降水量とする
  else:  ←湿度が80%を超えていないならば
    precip = 0.0  ←雨は降らない
  return precip  ←降水量の計算終わり
```

これはPythonのプログラムだが、やっていることは単純で、「湿度が限界値（threshold）の八〇パーセントを超えたら、超えた分に〇・一を掛けた分の雨を降らせろ」という規則を付け加えたのである。

```
humidity = 0.85　↑今の湿度は85％だ
precip = convective_precipitation(humidity)　↑降水量を計算せよ
print(f" 積雲対流による降水量：{precip:.4f} kg/m^2")　↑単位もつけて結果を印刷する
```

とすれば、湿度が八五パーセントなので、雨が降って、降水量が出力される。

もちろん、実際には、こんなに単純ではなく、多数のサブグリッド規則が導入される。要するに、本文で紹介されている基礎方程式（ナヴィエ＝ストークス方程式）を離散化してグリッド計算をするだけでなく、基礎方程式とは別に、シミュレーションが上手くいくようにサブグリッド規則をたくさん付け加えるわけだ。

宇宙論シミュレーションの場合も、グリッドの大きさと比べて、銀河やブラックホールがあまりにも小さいので、やはり、サブグリッド規則として付け加えることになる。

シミュレーションの専門家たちがやっていることは、どこか、古代文明の神官たちが使っていた特殊な言語のようでもあるが、門外漢である私たちも、その雰囲気を味わうことはできる。

本文にはプログラミングの実例は全く出てこないわけだが、ポンツェンの説明は比喩的でわかりやすく、宇宙論シミュレーションの現場の空気をよく伝えてくれている。

ダークマターとダークエネルギー

大学院でひたすらコンピューター・シミュレーションをしていた頃、私は指導教官のクリフ・バージェスから「カオル、ダークマターとダークエネルギーのシミュレーションをしてみないか?」と、提案されたことがある。

当時の私は、アインシュタインの一般相対性理論が学べればなんでも良かったものの、ポンツェンと同じで、ダークマターやダークエネルギーが「辻褄合わせ」の道具のように感じられ、「そんな訳のわからないものより、最先端の超ひも理論の方が格好いい」と考え、指導教官の提案には乗らなかった。

今考えれば、生涯で最大のチャンスをフイにしたのかもしれない(笑)。

ダークマターやダークエネルギーのコンピューター・シミュレーションならば、コンピューターおたくである私には、本当はピッタリの分野だったにちがいない。でも、人生というものは、情報がない状況での一か八かの賭けみたいなもので、私は、その賭けで当たりを引くことができなかったのだと思う。

とにかく、そんな過去があるので、この本の中でポンツェンがくりかえし、ダークマターやダークエネルギーを信用できなかったと書いている心情も、私はよく理解できる。

ダークマターやダークエネルギーを組み込んだシミュレーションが成熟して初めて、物理学者と天文学者たちは「ああ、ダークマターやダークエネルギーって、実在するんだな」と、納得したのであり、最初からダークマターやダークエネルギーを追求していた人々は、無謀か先見の明があったかのどちらかだと思う。

現在、ダークマターとダークエネルギーの存在に根本的な異議を唱えている物理学者や天文学者は、ほとんどいないと思うが、その影には、無数のコンピューター・シミュレーションと、プログラムを書き続けた研究者たちの努力があったのだ。

本書は、最新の宇宙論の入門書として予備知識ゼロから読めるように書かれているが、一切のごまかしがなく、きちんと宇宙論シミュレーションの奥義まで紹介してくれる。重厚な読後感が残る名著だと思う。

編集の田畑博文さんには、いつものことながら、最初から最後までお世話になりっぱなしであった。ここに記して御礼申し上げる。

本書は、下訳を竹内さなみが担当し、適宜、翻訳ＡＩも使用し、竹内薫が最終的な完成原稿を作成した。多くの科学者の人名が登場し、英語読みなのか、出身国の読みなのかなど、調べられる範囲で調べたが、完全ではないことをお断りしておきたい。

誤訳などについては、ご指摘いただければ、重版時に訂正させていただきます。読者のみなさま、最後まで読んでくださり、ありがとうございました。

二〇二四年五月
竹内薫

11 *The Times*, 11 April 1862.

12 Humphreys (1919), US National Academy of Sciences, *Biographical Memoirs*, 8, 469.

13 同上。

14 Abbe (1901), *Monthly Weather Review*, 29, 12, 551.

15 Stevenson (1999), *Nature*, 400, 32.

16 厳密に言えば、数字のリストは文字通り無限である必要はないかもしれない。細かさにも限度があるからだ。砕け散る波の飛沫がすべて捉えられたら、細部を追加するのを止めることができるだろう。しかし、そこまで、まだまだ手が届いていない。

17 Humphreys (1919), 前掲書 .

18 1922年の著書の序文で、リチャードソンはフランスに赴任する前に、「観測結果の算術的な単純化は、妻のドロシーの多大な協力を得ておこなわれた」と述べている。算術的な単純化は、研究の重要かつ困難な部分であるため、論文を書いたのはルイス・フライだとしても、今日の基準では、ドロシーも共著者に数えられるだろう。

Lewis Fry Richardson (1922), *Weather Prediction by Numerical Process*, Cambridge University Press, reprinted 2006, 序論はピーター・リンチ .

19 Peter Lynch (1993), *Meteorological Magazine*, 122, 69.

20 Richardson (1922), 前掲書 ., 219; Ashford (1985), *Prophet - or Professor? The Life and Work of Lewis Fry Richardson*, Adam Hilger.

21 Lynch (1993), 前掲書 .

22 シベリア、1968年、ギネス世界記録、https://www.guinnessworldrecords.com/world-records/highest-barometric-pressure-/, accessed 28 October 2022.

23 Peter Lynch (2014), *The Emergence of Numerical Weather Prediction*, Cambridge University Press.

24 Richardson (1922), 前掲書, 219.

25 Durand-Richard (2010), *Nuncius*, 25, 101.

26 'Pascaline', *Britannica Academic*, 7 October 2008, academic.eb.com/levels/collegiate/article/Pascaline/443539, accessed 20 July 2022.

27 Freeth (2009), *Scientific American*, 301, 76.

28 Babbage (1864), *Passages from the Life of a Philosopher*, Longman, 70.

29 Fuegi & Francis (2003), *IEEE Annals of the History of Computing*, 25, 4, 16.

30 同上。

31 Friedman (1992), *Computer Languages*, 17, 1.

32 Fuegi & Francis (2003), 前掲書 .

まえがき

1 SatOrbは、モーリス・ギャビン著『ZX Spectrum Astronomy: discover the heavens on your computer』(1984、Sunshine Books)という本に掲載されていた。私の父かその友人の誰かが、このプログラムを打ち込んでテープに保存したのだと思う。

2 Garnier et al. (2013), *PLOS Computational Biology*, 9(3): e1002984.

3 Deneubourg et al. (1989), *Journal of Insect Behaviour*, 2, 5, 719.

4 2021年の容量は約8,000エクサバイト、つまり6×10^{22}ビット。大気の総質量は約5×10^{18}kgで、分子に換算すると約10^{44}個になる。つまり、1分子あたり1ビットとするためには、その10^{21}倍のストレージが必要になる。Redgate & IDC (8 September 2021), in Statista, from https://www.statista.com/statistics/1185900/worldwide-datasphere-storage-capacity-installed-base/, accessed 10 July 2022.

5 *New York Times*, 10 March 2009.

6 Tankov (2003), *Financial Modelling with Jump Processes*, Chapman & Hall.

7 Mandelbrot (1963), *Journal of Political Economy*, 5, 421.

8 Derman (2011), *Models behaving badly: Why confusing illusion with reality can lead to disaster, on Wall Street and in life*, Wiley & Sons.

1章　空から銀河の彼方へ

1 Moore (2015), *The Weather Experiment*, Chatto & Windus; Hansard HC Deb., 30 June 1854, col. 1006.

2 Gray (2015), *Public Weather Service Value for Money Review*, Met Office; Lazo et al. (2009), *Bulletin of the American Meteorological Society*, 90, 6, 785.

3 Pausata et al. (2016), *Earth and Planetary Science Letters*, 434, 298.

4 Wright (2017), *Frontiers in Earth Science*, 5, 10.3389/feart.2017.00004.

5 *New York Daily Times*, 2 November 1852.

6 *Annual Report of the Board of Regents of the Smithsonian Institution* (1858), 32.

7 *Chicago Press & Tribune*, 15 August 1959.

8 *The Times*, 26 January 1854.

9 Landsberg (1954), *The Scientific Monthly*, 79, 347.

10 *The Times*, 26 January 1863,

59 IPCC (2021), *Climate Change 2021: The Physical Science Basis. Contribution of Working Group I to the Sixth Assessment Report of the Intergovernmental Panel on Climate Change*, Cambridge University Press, in press.

60 Manabe & Broccoli (2020), *Beyond Global Warming*, Princeton University Press.

61 気候変動に関する政府間パネルは、これを非常に重要な照合と位置づけている。IPCC (2021), 前掲書., Sec. 3.8.2.1.

62 *Daily Mail*, 17 October 1987.

63 *Daily Mail*, 19 October 1987.

64 Alley et al. (2019), *Science*, 363, 6425, 342.

65 これらは体積による相対的な貢献度である。(宇宙の数字ともっと直接比較できる)質量で計算すると、それぞれ75%と23%になる。Walker (1977), *Evolution of the atmosphere*, Macmillan.

2章　ダークマター・ダークエネルギー・宇宙の網の目

1 Hays, Imbrie & Shackleton (1976), *Science*, 194, 4270.

2 James Lequeux (2013), *Le Verrier - Magnificent and Detestable Astronomer*, translated by Bernard Sheehan, Springer.

3 Davis (1984), *Annals of Science*, 41:4, 359.

4 同上, 129.

5 Rudolf Peierls (1960), *Biographical Memoirs of Fellows of the Royal Society*, 5174.

6 同上。

7 Pauli (1930), チュービンゲンで開催されたGauverein meetingへ宛てた手紙。https://web.archive.org/web/20150709024458/; https://www.library.ethz.ch/exhibit/pauli/neutrino_e.html.

8 Lightman & Brawer (1992), *The Lives and Worlds of Modern Cosmologists*, Harvard University Press.

9 Rubin (2011), *Annual Review of Astronomy and Astrophysics*, 49, 1.

10 同上。

11 Bertone & Hooper (2018), *Reviews of Modern Physics*, 90, 045002より引用。

12 Lundmark (1930), *Meddelanden fran Lunds Astronomiska Observatorium*, Series I, 125, 1.

33 Lovelace (1843), reprinted in *Charles Babbage and His Calculating Engines: Selected Writings by Charles Babbage and Others* (1963), Dover Publications, 251.

34 Fuegi & Francis (2003), 前掲書.

35 'ENIAC', *Britannica Academic*, 31 January 2022, academic.eb.com/levels/collegiate/article/ENIAC/443545, accessed 29 October 2022.

36 Von Neumann (1955), in *Fortune* magazine, reprinted in *Population and Development Review* (1986), 12, 117.

37 'Cold war may spawn weather-control race', *Washington Post and Times Herald*, 23 December 1957.

38 Harper (2008), *Endeavour*, 32, 1, 20.

39 Fleming (2007), *The Wilson Quarterly*, 31, 2, 46.

40 同上。

41 Charney, Fjörtoft & von Neumann (1950), *Tellus*, 237.

42 Williams (1999), *Naval College Review*, 52, 3, 90.

43 Hopper (1978), *History of Programming Languages*, Assocation for Computing Machinery, 7.

44 同上。

45 同上。

46 Platzman (1968), *Bulletin of the American Meteorological Society*, 49, 496 より引用。

47 Bauer, Thorpe & Brunet (2015), *Nature*, 525, 47.

48 Alley, Emanuel & Zhang (2019), *Science*, 363, 6425, 342.

49 McAdie (1923), *Geographical Review*, 13, 2, 324.

50 Smagorinsky & Collins (1955), *Monthly Weather Review*, 83, 3, 53.

51 Coiffier (2012), *Fundamentals of Numerical Weather Prediction*, Cambridge University Press.

52 Lee & Hong (2005), *Bulletin of the American Meteorological Society*, 86, 11, 1615.

53 プリンストン大学記者会見、2021年10月5日、https://www.youtube.com/watch?v=BUtzK41Qpsw, accessed 28 October 2022.

54 Judt (2020), *Journal of the Atmospheric Sciences*, 77, 257.

55 Hasselmann (1976), *Tellus*, 28:6, 473.

56 Jackson (2020), *Notes and Records*, 75, 105.

57 Von Neumann (1955), 前掲書.

58 Morrison (1972), *Scientific American*, 226, 134.

と放射のバランスが異なることに関連している。
36 Tulin & Yu (2018), *Physics Reports*, 730, 1.
37 Pontzen & Governato (2014), *Nature*, 506, 7487, 171; Pontzen & Peiris (2010), *New Scientist*, 2772, 22.
38 Abel, Bryan & Norman (2002), *Science*, 295, 5552, 93.

3章　銀河とサブグリッド

1 Tinsley (1967), 'Evolution of Galaxies and its Significance for Cosmology', PhD 論文, The University of Texas at Austin, http://hdl.handle.net/2152/65619.
2 Sandage (1968), *The Observatory*, 89, 91.
3 'The superpereyes: five giant telescopes now in construction to advance astronomy', *Wall Street Journal*, 10 October 1967.
4 Hill (1986), *My daughter Beatrice*, American Physical Society, 49.
5 Cole Catley (2006), *Bright Star : Beatrice Hill Tinsley, Astronomer*, Cape Catley Press, 165.
6 Sandage (1968), 前掲書 ; Oke & Sandage (1968), *Astrophysical Journal*, 154, 21 も参照。
7 Tinsley (1970), *Astrophysics and Space Science*, 6, 3, 344.
8 Sandage (1972), *Astrophysical Journal*, 178, 1.
9 Bartelmann (2010), *Classical and Quantum Gravity*, 27, 233001.
10 Peebles (1982), *Astrophysical Journal Letters*, 263, L1; Blumenthal et al. (1984), *Nature*, 311, 517; Frenk et al. (1985), *Nature*, 317, 595.
11 White (1989), in 'The Epoch of Galaxy Formation', *NATO Advanced Science Institutes (ASI) Series C*, Vol. 264, 15.
12 White & Frenk (1991), *Astrophysical Journal*, 379, 52.
13 たとえば、Sanders (1990), *Astronomy and Astrophysics Review*, 2, 1.
14 たとえば、White (1989), 前掲書での議論を参照。
15 Ellis (1998), in 'The Hubble Deep Field', *STScI Symposium Series 11*, Cambridge University Press, 27.
16 Adorf (1995), 'The Hubble Deep Field project', *ST- ECF Newsletter*, 23, 24.
17 Larson (1974), *Monthly Notices of the Royal Astronomical Society*, 169, 229; Larson & Tinsley (1977), *Astrophysical Journal*, 219, 46.

13 F. Zwicky (1933), *Helvetica Physica Acta*, 6: 110; Zwicky (1937), *Astrophysical Journal*, 86, 217.

14 Rubin (2011), 前掲書.

15 Holmberg (1941), *Astrophysical Journal*, 94, 385.

16 Holmberg (1946), *Meddelanden fran Lunds Astronomiska Observatorium*, Series II, 117, 3.

17 Lange (1931), *Naturwissenschaften*, 19, 103-7.

18 White (1976), *Monthly Notices of the Royal Astronomical Society*, 177, 717; Toomre & Toomre (1972), *Astrophysical Journal*, 187, 623- 66.

19 同上。

20 Geller & Huchra (1989), *Science*, 4932, 897- 903.

21 アラン・ライトマンによるマーク・デイヴィスへのインタビュー、1988年10月14日、Niels Bohr Library & Archives, American Institute of Physics, https://www.aip.org/history-programs/niels-bohr-library/oral-histories/34298.

22 *Cosmic Extinction - The Far Future of the Universe*, Durham University Global Lecture Series, 7 June 2022.

23 Frenk, 私信 (2022)。

24 実際、初期の実験結果の中には、現在許容できることが分かっている質量よりも大きなニュートリノ質量を誤って示すものもあった。そうした間違った大きな質量でさえも、原子に比べれば軽かった。Lubimov et al. (1980), *Physics Letters B*, 94, 266.

25 Peebles (1982), *Astrophysical Journal*, 258, 415.

26 White, Frenk & Davis (1983), *Astrophysical Journal*, 274, L1.

27 Aker et al. (2019), *Physical Review Letters*, 123, 221802.

28 Silk, Szalay & Zel'dovich (1983), *Scientific American*, 249, 4, 72.

29 White, 私信 (2021)。

30 アラン・ライトマンによるマーク・デイヴィスへのインタビュー (1988), 前掲.

31 Lightman & Brawer (1992), 前掲書.

32 Huchra, Geller, de Lapparent & Burg (1988), *International Astronomical Union Symposium Series*, 130, 105.

33 同上。

34 Calder & Lahav (2008), *Astronomy & Geophysics*, 49, 1. 13- 1.18.

35 ダークエネルギーが存在すると、なぜ宇宙の網の目がより大きなスケールに達するのか、実際の理由は少し微妙な問題で、ダークエネルギーが存在する初期宇宙において、物質

不完全な発表版に基づいており、彼が真新しいアイデアを素早く取り入れたことは、一見、驚異的に見えるが、案外そうでもなかった。

3 Schwarzschild (1916), *Sitzungsberichte der Königlich Preussischen Akademie der Wissenschaften zu Berlin, Phys.-Math. Klasse*, 424.

4 Schwarzschild (1992), *Gesammelte Werke (Collected Works)*, Springer.

5 Thorne (1994), *From black holes to time warps:Einstein's outrageous legacy*, W. W. Norton & Company, Inc.

6 Oppenheimer & Snyder (1939), *Physical Review*, 56, 455.

7 Oppenheimer & Volkoff (1939), *Physical Review*, 55, 374.

8 Bird & Sherwin (2005), *American Prometheus : The Triumph and Tragedy of J. Robert Oppenheimer*, Alfred A. Knopf.

9 Arnett, Baym & Cooper (2020), 'Stirling Colgate', *Biographical Memoirs of the National Academy of Sciences*.

10 同上。

11 Teller (2001), *Memoirs: a twentieth-century journey in science and politics*, Perseus Publications, 166.

12 Arnett, Baym & Cooper (2020), 前掲書.

13 Colgate (1968), *Canadian Journal of Physics*, 46, 10, S476; Klebesadel, Strong & Olson (1973), *Astrophysical Journal*, 182, L85.

14 Breen & McCarthy (1995), *Vistas in Astronomy*, 39, 363.

15 May & White (1966), *Physical Review Letters*, 141, 4.

16 Hafele & Keating (1972), *Science*, 177, 168.

17 韓非子(前300年頃)、*The complete works of Han Fei Tzu*, Arthur Probsthain, II, 204.

18 Einstein & Rosen (1935), *Physical Review*, 49, 404.

19 Hannam et al. (2008), *Physical Review D*, 78, 064020.

20 Thorne (2017), Nobel Lecture, https://www.nobelprize.org/prizes/physics/2017/thorne/lecture/, accessed 28 October 2022.

21 Wheeler (1955), *Physical Review*, 97, 511.

22 Murphy (2000), *Women becoming mathematicians*, MIT Press.

23 Hahn (1958), *Communications on Pure and Applied Mathematics*, 11, 2, 243.

24 Lindquist (1962), 'The Two-body problem in Geometrodynamics', PhD 論文, Princeton University, 24.

25 Hahn & Lindquist (1964), *Annals of Physics*, 29, 304.

18 Somerville, Primack & Faber (2001), *Monthly Notices of the Royal Astronomical Society*, 320, 504.
19 Ellis (1998), 前掲書.
20 Tinsley (1980), *Fundamentals of Cosmic Physics*, 5, 287.
21 Cen, Jameson, Liu & Ostriker (1990), *Astrophysical Journal*, 362, L41.
22 Gingold & Monaghan (1977), *Monthly Notices of the Royal Astronomical Society*, 181, 375.
23 Monaghan (1992), *Annual Reviews in Astronomy and Astrophysics*, 30, 543.
24 Monaghan, Bicknell & Humble (1994), *Physical Review D*, 77, 217.
25 Katz & Gunn (1991), *Astrophysical Journal*, 377, 365; Navarro & Benz (1991), *Astrophysical Journal*, 380, 320.
26 Katz (1992), *Astrophysical Journal*, 391, 502.
27 Moore et al. (1999), *Astrophysical Journal*, 524, 1, L19.
28 Ostriker & Steinhardt (2003), *Science*, 300, 5627, 1909.
29 Battersby (2004), *New Scientist*, 184, 2469, 20.
30 Governato et al. (2004), *Astrophysical Journal*, 607, 688; Governato et al. (2007), *Monthly Notices of the Royal Astronomical Society*, 374, 1479.
31 Katz (1992), 前掲書.
32 Springel & Hernquist (2003), *Monthly Notices of the Royal Astronomical Society*, 339, 289; Robertson et al. (2006), *Astrophysical Journal*, 645, 986.
33 Stinson et al. (2006), *Monthly Notices of the Royal Astronomical Society*, 373, 3, 1074.
34 Governato et al. (2007), *Monthly Notices of the Royal Astronomical Society*, 374, 1479.
35 Pontzen & Governato (2012), *Monthly Notices of the Royal Astronomical Society*, 421, 3464.
36 Kauffmann (2014), *Monthly Notices of the Royal Astronomical Society*, 441, 2717.

4章　ブラックホール

1 Spencer WeartによるMartin Schwarzschildへのインタビュー、1977年3月10日、Niels Bohr Library & Archives, American Institute of Physics, https://www.aip.org/history-programs/niels-bohr-library/oral-histories/4870-1.
2 実際には、シュワルツシルトのこれらの論文の最初のものは、アインシュタインの方程式の

4 *Boston Globe*, 5 September 2016.

5 Karplus (2006), *Annual Reviews in Biophysics and Biomolecular Structure*, 35, 1.

6 同上。

7 現実には、量子シミュレーションはもっと複雑で注意深く作りこまれた方法で空間全体の変化を表現するが、全体的なアプローチを理解するには、グリッドを想像するだけで十分である。

8 Miller (2013), *Physics Today*, 66, 12, 13.

9 Benioff (1982), *International Journal of Theoretical Physics*, 21, 3, 177.

10 Feynman (1982), *International Journal of Theoretical Physics*, 21, 6, 467.

11 Restructure blog (2009). https://restructure.wordpress.com/2009/08/07/, accessed 28 October 2022.

12 Lloyd (1996), *Science*, 273, 1073.

13 Google AI Quantum et al. (2020), *Science*, 369 (6507), 1084.

14 Preskill (2018), *Quantum*, 2, 79.

15 Heuck, Jacobs & Englund (2020), *Physical Review Letters*, 124, 160501.

16 Byrne (2010), *The Many Worlds of Hugh Everett III*, Oxford University Press.

17 たとえば、Matteucci et al. (2013), *European Journal of Physics*, 34, 511.

18 Von Neumann (2018), *Mathematical Foundations of Quantum Mechanics: New Edition*, ed. Nicholas A. Wheeler, Princeton University Press, 273.

19 これらの原理が実際に作用していることを示す注目すべき実験研究についての概要は、Zeilinger (1999), *Review of Modern Physics*, 71, S288を参照。

20 Wigner (1972), in *The Collected Works of Eugene Paul Wigner*, Springer, Vol.B / 6, 261.

21 さまざまな観念論（理想主義）についての議論は、Guyer & Horstmann (2022), 'Idealism', in *The Stanford Encyclopedia of Philosophy*, ed. Edward N. Zalta, retrieved from https://plato.stanford.edu/archives/spr2022/entries/idealism/を参照。

22 Wheeler (1983), in *Quantum Theory and Measurement*, Princeton University Press, 182, https://www.jstor.org/stable/j.ctt7ztxn5.24.

23 Penroxe (1989), *The Emperor's New Mind*, Oxford University Press.

24 Howl, Penrose & Fuentes (2019), *New Journal of Physics*, 21, 4, 043047.

25 Aspect, Dalibard & Roger (1982), *Physical Review Letters*, 49, 25, 1804.

26 論文の全文が発表されたのは1973年のことである。Everett (1973), in *The Many-Worlds Interpretation of Quantum Mechanics*, Princeton University Press, 3.

26 Pretorious (2005), *Physical Review Letters*, 95, 121101; Campanelli et al. (2006), *Physical Review Letters*, 96, 111101; Baker et al. (2006), *Physical Review Letters*, 96, 111102.

27 Overbye (1991), *Lonely Hearts of the Cosmos*, HarperCollins; Schmidt (1963), *Nature*, 197, 4872, 1040; Greenstein & Thomas (1963), *Astronomical Journal*, 68, 279.

28 Blandford & Znajek (1977), *Monthly Notices of the Royal Astronomical Society*, 179, 433.

29 Springel & Hernquist (2003), *Monthly Notices of the Royal Astronomical Society*, 339, 2, 289.

30 Di Matteo, 私信 (2020).

31 Di Matteo, Springel & Hernquist (2005), *Nature*, 433.

32 Di Matteo, 私信 (2020).

33 Silk & Rees (1998), *Astronomy & Astrophysics*, 331, L1.

34 Magorrian et al. (1998), *Astronomical Journal*, 115, 2285.

35 Sanchez et al. (2021), *Astrophysical Journal*, 911, 116; Davies et al. (2021), *Monthly Notices of the Royal Astronomical Society*, 501, 236.

36 Volonteri (2010), *Astronomy and Astrophysics Review*, 18, 279.

37 Tremmel et al. (2018), *Astrophysical Journal*, 857, 22.

38 ESA (2021), *LISA Mission Summary*, https://sci.esa.int/web/lisa/-/61367- mission-summary, accessed 29 October 2022.

39 Hawking (1966), 'Properties of expanding universes', PhD 論文, University of Cambridge, https://doi.org/10.17863/CAM.11283.

5章　量子力学と宇宙の起源

1 Nobel Prize Outreach AB (2022). Louis de Broglie - Biographical note. https://www.nobelprize.org/prizes/physics/1929/broglie/biographical/, accessed 28 October 2022.

2 Islam et al. (2014), *Chemical Society Reviews*, 43, 185 ; Csermely et al. (2013), *Pharmacology & Therapeutics*, 138, 33 ; Gur et al. (2020), *Journal of Chemical Physics*, 143, 075101；Qu et al. (2018), *Advances in Civil Engineering*, 1687 ; Hou et al. (2017), *Carbon*, 115, 188.

3 Hubbard (1979), in *Discovering Reality*, eds. Harding & Hintikka, Schenkman Publishing Co., 45- 69.

44 Giddings & Mangano (2008), *Physical Review D*, 78, 3, 035009; Hut & Rees (1983), *Nature*, 302, 5908, 508.

6章　考えること

1 ホメロス（前8世紀頃）『オデュッセイア』7, 87.

2 'NYPD's robot dog will be returned after outrage', *New York Post*, 28 April 2021.

3 *Guardian* online (2018), https://www.youtube.com/watch?v=W1LWMk7JB80, accessed 28 October 2022.

4 ダニエル・C・デネットの著書『Consciousness Explained』（1991年）とダグラス・ホフスタッターの『Gödel, Escher, Bach』（1979年）は、いずれにせよ意識は洗練された思考装置の自然な帰結である可能性を示唆している。

5 Turing (1950), *Mind*, 49: 433.

6 The Law Society (2018), 'Six ways the legal sector is using AI right now', https://www.lawsociety.org.uk/campaigns/lawtech/features/six-ways-the-legal-sector-is- using-ai, accessed 3 February 2022.

7 250メガビット/秒のデジタルシネマパッケージ（DCP）フォーマットと90分の映画を想定。十分な長さだ。

8 国立医薬品食品衛生研究所：Joshua Lederberg biographical overview, https://profiles.nlm.nih.gov/spotlight/bb/feature/biographical-overview, accessed 28 October 2022.

9 Blumberg (2008), *Nature*, 452, 422.

10 より正確には、破片の質量電荷比を推測するためには電場と磁場が用いられる。

11 Bielow et al. (2011), *Journal of proteome research*, 10, 7, 2922.

12 Waddell Smith (2013), *Encyclopedia of Forensic Sciences*, Academic Press, 603.

13 このミッションは2022年にロシアのロケットで打ち上げられる予定だったが、ウクライナとの戦争により中断された。現在は2020年代後半に打ち上げられる予定である。https://www.esa.int/Science_Exploration/Human_and_Robotic_Explor ation/Exploration/ExoMars/Rover_ready_next_steps_for_ExoMars, accessed 28 October 2022.

14 Planck Collaboration (2020), *Astronomy and Astrophysics Review*, 641, 6.

15 Joyce, Lombriser & Schmidt (2016), *Annual Review of Nuclear and Particle Science*, 66:95.

16 Jaynes (2003), *Probability theory: the logic of science*, Cambridge University Press, 112.

27 Saunders (1993), *Foundations of Physics*, 23, 12, 1553.

28 Deutsch (1985), *Proceedings of the Royal Society A*, 400, 1818, 97.

29 エヴェレット派と反エヴェレット派両者の広範囲にわたる議論については、Saunders, Barrett, Kent & Wallace (2010), *Many Worlds?*, Oxford University Press を参照。

30 たとえば、Penrose (2004), *The Road to Reality*, Jonathan Capeの第27章を参照。

31 https://www.bankofengland.co.uk/monetary-policy/inflation/inflation-calculator, accessed 28 October 2022.

32 Turroni (1937), *The Economics of Inflation*, Bradford & Dickens, 441.

33 この最小要件を計算するには、現在観測可能な宇宙の大きさと、光が若い宇宙を横切る様子を比較する必要がある。

34 最新の評価については、Planck Collaboration (2018), *Astronomy & Astrophysics*, 641, A6を参照。

35 特定の宇宙における特定の波紋を示す、宇宙マイクロ波背景放射で見られる構造の配置は、シミュレーションのための固有の「正しい」開始点として使用できるかもしれないと期待する人もいるかもしれない。しかし、光は非常に古いものであるため、非常に長い距離を移動してきている。この光は、宇宙のはるか遠くの部分についての出発点のみを示しており、それらの領域の銀河がどうなったのかはわからない。

36 Springel et al. (2018), *Monthly Notices of the Royal Astronomical Society*, 475, 676; Tremmel et al. (2017), *Monthly Notices of the Royal Astronomical Society*, 470, 1121; Schaye et al. (2015), *Monthly Notices of the Royal Astronomical Society*, 446, 521.

37 Roth, Pontzen & Peiris (2016), *Monthly Notices of the Royal Astronomical Society*, 455, 974.

38 Rey et al. (2019), *Astrophysical Journal*, 886, 1, L3; Pontzen et al. (2017), *Monthly Notices of the Royal Astronomical Society*, 465, 547; Sanchez et al. (2021), *Astrophysical Journal*, 911, 2, 116.

39 Pontzen, Slosar, Roth & Peiris (2016), *Physical Review D*, 93, 3519.

40 Angulo & Pontzen (2016), *Monthly Notices of the Royal Astronomical Society*, 462, 1, L1.

41 Mack (2020), *The End of Everything*, Allen Lane.

42 この議論はさまざまな形で何度となく提起されてきた。たとえば、Penrose (2004), 前掲書の28.5章を参照。Ijjas et al. (2017), *Scientific American*, 316, 32も参照。

43 Kamionkowski & Kovetz (2016), *Annual Review of Astronomy and Astrophysics*, 54, 227.

38 Crawford (2021), *Atlas of AI*, Yale University Press.

39 Firth, Lahav & Somerville (2003), *Monthly Notices of the Royal Astronomical Society*, 339, 1195; Collister & Lahav (2004), *Publications of the Astronomical Society of the Pacific*, 116, 345.

40 たとえば、de Jong et al. (2017), *Astronomy and Astrophysics*, 604, A134.

41 Lochner et al. (2016), *Astrophysical Journal Supplement*, 225, 31.

42 Schanche et al. (2019), *Monthly Notices of the Royal Astronomical Society*, 483, 4, 5534.

43 Jumper et al. (2021), *Nature*, 596, 583.

44 Anderson (16 July 2008), 'The End of Theofy : The Data Deluge Makes the Scientific Method Obsolete', *Wired*, https://www.wired.com/2008/06/pb-theory/, accessed 28 October 2022.

45 Matson (26 September 2011), 'Faster-Than-Light Neutrinos? Physics Luminaries Voice Doubts', *Scientific American*.

46 Reich (2012), 'Embattled neutrino project leaders step down', *Nature* online, doi:10.1038/nature.2012.10371.

47 GDPR article 15 1(h); https://gdpr.eu/article-15-right-of-access/, accessed 28 October 2022.

48 Iten et al. (2020), *Physical Review Letters*, 124, 010508.

49 Ruehle (2019), *Physics Reports*, 839, 1.

50 Lucie-Smith et al. (2022), *Physical Review D*, 105, 10, 103533.

51 「2030年までに、ロボットが20億人分の工場労働に取って代わる」'Robots "to replace up to 20 million factory jobs" by 2030', BBC News online, 26 June 2019, https://www.bbc.co.uk/news/business-48760799, accessed 28 October 2022.

52 Buolamwini (2019), 'Artificial Intelligence Has a Problem With Gender and Racial Bias. Here's How to Solve It', *Time Magazine*, https://time.com/5520558/artificial- intelligence-racial-gender-bias/, accessed 28 October 2022.

53 Crawford (2021), 前掲書 .

54 「Twitterは公表していたよりもはるかに多くのロシアのボットが選挙について投稿していたことを認める」'Twitter admits far more Russian bots posted on election than it had-disclosed', *Guardian*, 20 January 2018, https://www.theguardian.com/technology/2018/jan/19/twitter-admits-far-more-russian-bots-posted-on-election-than-it-had-disclosed, accessed 28 October 2022.

17 これらの手法を応用した論文は文字通り何百とある。いくつかの基礎的な例については、以下を参照：Ashton et al. (2019), *Astrophysical Journal Supplement*, 241, 27; Verde et al. (2003), *Astrophysical Journal Supplement*, 148, 195; Kafle (2014), *Astrophysical Journal*, 794, 59.

18 Lightman & Brawer (1992), *The Lives and Worlds of Modern Cosmologists*, Harvard University Press.

19 Hawking (1969), *Monthly Notices of the Royal Astronomical Society*, 142, 129.

20 同上。

21 Pontzen (2009), *Physical Review D*, 79, 10, 103518; Pontzen & Challinor (2007), *Monthly Notices of the Royal Astronomical Society*, 380, 1387.

22 Hayden & Villeneuve (2011), *Cambridge Archaeological Journal*, 21:3, 331.

23 Coe et al. (2006), *Astrophysical Journal*, 132, 926.

24 Fan & Makram (2019), *Frontiers in Neuroinformatics*, 13:32.

25 Hodgkin & Huxley (1952), *Journal of Physiology*, 117, 500.

26 Swanson & Lichtman (2016), *Annual Reviews of Neuroscience*, 39, 197.

27 前述の通り、2021年の容量は約 8×10^{21} バイトであった。*Statista*, 前掲書を参照。

28 Hebb (1949), *The Organization of Behaviour: a Neurophysical Theory*, Wiley & Sons; Martin, Grimwood & Morris (2000), *Annual Reviews of Neuroscience*, 23:649.

29 Hebb (1939), *Journal of General Psychology*, 21:1, 73.

30 Fields (2020), *Scientific American*, 322, 74.

31 Bargmann & Marder (2013), *Nature Methods*, 10, 483; Jabr (2 October 2012), 'The Connectome Debate: Is Mapping the Mind of a Worm Worth It ?', *Scientific American*.

32 Rosenblatt (1958), *Research Trends of Cornell Aeronautical Laboratory*, VI, 2.

33 'Electronic "Brain" Teaches Itself', *New York Times*, 13 July 1958.

34 Rosenblatt (1961), *Principles of Neurodynamics：Perceptrons and the Theory of Brain Mechanisms*, Cornell Aeronautical Laboratory Report VG-1196- G- 8.

35 https://news.cornell.edu/stories/2019/09/professors-perceptron-paved-way-ai- 60-years-too-soon, accessed 28 October 2022.

36 Cornell University News Service records, # 4-3-15, 2073562, *Image of the Mark I Perceptron at Cornell Aeronautical Laboratory*, https://digital.library.cornell.edu/catalog/ss:550351, accessed 28 October 2022.

37 Hay (1960), *Mark 1 Perceptron Operators' Manual*, Cornell Aeronautical Laboratory Report VG-1196-G-5.

宇宙をシミュレートできるのは全宇宙だけ」という根本的な結論は変わらない。

9 Preskill (2018), *Quantum*, 2, 79.

10 この考え方は、Wheeler (1992), *Quantum Coherence and Reality*, World Scientific, 281に遡ることができる。

11 Barrow (2007), *Universe or Multiverse?*, Cambridge University Press, 481; Beane et al. (2014), *European Physics Journal A*, 50, 148.

12 Albert Einstein (1915), *Königlich Preußische Akademie der Wissenschaften, Sitzungsberichte*, 831.

13 Dyson, Eddington & Davidson (1920), *Philosophical Transactions of the Royal Society of London Series A*, 220, 291.

14 Margaret Morrison (2009), *Philosophical Studies*, 143, 33; Norton & Suppe (2001), in *Changing the Atmosphere: Expert Knowledge and Environmental Governance*, MIT Pressも参照。

15 Pontzen et al. (2017), *Monthly Notices of the Royal Astronomical Society*, 465, 547.

55 Brown et al. (2020), 'Language Models are Few-Shot Learners', *Advances in Neural Information Processing Systems 33*, https://arxiv.org/abs/2005.14165v1.

56 Floridi & Chiriatti (2020), *Minds & Machines 30*, 681; コンピューター・コードを書くことができるGPTに基づいたシステムの眼を見張るような例としては、GitHub Copilot, https://github.com/features/copilot, accessed 24 October 2022を参照。

7章　シミュレーション、科学そして現実

1 Fredkin (2003), *International Journal of Theoretical Physics*, 42, 2; Lloyd (2005), *Programming the Universe*, Jonathan Cape.

2 https://startalkmedia.com/show/universe-simulation-brian-greene/; https://www.nbcnews.com/mach/science/what-simulation-hypothesis-why-some-think-life-simulated-reality-ncna913926; https://richarddawkins.com/articles/article/are-our-heads-in-the-cloud, all accessed 28 October 2022.

3 Bostrom (2003), *Philosophical Quarterly*, 53, 243.

4 Chalmers (2021), *Reality+*, Allen Lane.

5 https://richarddawkins.com/articles/article/are-our-heads-in-the-cloud, accessed 28 October 2022.

6 これらは人間が計算したものなので、ビットという考え方はやや不自然ではあるが、それでも概算をすることはできる。ホルンベルクは74個の電球を使い、それぞれが二次元で自由に動くことができ、2つの次元の動きを備えていた。つまり、任意の瞬間のシミュレーションを記述するには、296個の数字が必要になる。有効数字3桁まで測定できたと仮定すると、数値あたりのビット数はおよそ$\log_2 10^3 \fallingdotseq 10$となる。これは、合計でおおよそ3,000ビットになる。リチャードソン夫妻に関しては、ルイス・フライが妻の功績としている最初のグリッドには、風に対して70個の値が設定され、有効数字3桁が記録され、気圧に対する45の値には有効数字4桁（及び他の付帯情報）まで記録された。これにより、1,000ビットの見積もりが得られる。

7 Raju (2022), *Physics Reports*, 943, 1.

8 Hawking (1976), *Physical Review Letters*, 13, 191; Bekenstein (1980), *Physics Today*, 33, 1, 24; Zurek & Thorne (1985), *Physical Review Letters*, 54, 20, 2171. セス・ロイドの著書では、重力の存在しない熱平衡状態のエントロピーを計算して、10^{92}量子ビットというはるかに小さい数が引用されている。いずれの計算方法を選んでも、基本的な結論である「全

か行

さ行

な行

た行

は行

ま行

ら行

アルファベット

わ行

著者　アンドリュー・ポンチェン
ロンドン大学の宇宙論の教授。
英国王立協会ユニバーシティ・リサーチ・フェロー。
スティーブン・ホーキングとも協力し、世界的ベストセラー
『A Brief History of Time』(『ホーキング、宇宙を語る』) 第 3 版の
出版にも尽力。BBC や Discovery Channel などのドキュメンタリー番組への
出演、アインシュタインの相対性理論を一般向けにアニメで紹介した
TED-Ed シリーズへの参加（220 万回以上再生)。

＊ 2020年、最先端の宇宙学を幅広い層の聴衆に届け続ける
著者の活動を称え、王立天文学会から Gerald Whitrow Prize が
贈られた。本書は著者にとって最初の著作となる。

訳者　竹内薫（たけうち・かおる)
1960 年東京生まれ。理学博士、サイエンス作家。
東京大学教養学部、理学部卒業、
カナダ・マギル大学大学院博士課程修了。
小説、エッセイ、翻訳など幅広い分野で活躍している。
主な訳書に『宇宙の始まりと終わりはなぜ同じなのか』
(ロジャー・ペンローズ著、新潮社)、
『奇跡の脳』(ジル・ボルト・テイラー著、新潮文庫)、
『WHAT IS LIFE? 生命とは何か』
(ポール・ナース著、ダイヤモンド社)
などがある。

THE UNIVERSE IN A BOX　箱の中の宇宙

あたらしい宇宙138億年の歴史

2024年7月16日　第1刷発行

著　者　アンドリュー・ポンチェン
訳　者　竹内薫
発行所　ダイヤモンド社
〒150-8409　東京都渋谷区神宮前6-12-17
https://www.diamond.co.jp/
電話　03･5778･7233（編集）　03･5778･7240（販売）
ブックデザイン　寄藤文平＋垣内晴
DTP　宇田川由美子
校　正　神保幸恵
製作進行　ダイヤモンド・グラフィック社
印　刷　勇進印刷
製　本　ブックアート
編集担当　田畑博文

　ISBN 978-4-478-11248-9